# རྫ་ཡུལ་རྫོང་གནམ་གཤིས་གནོད་འཚེ་འགོག་སྲུང་འཆར་འགོད

# 察隅县气象灾害防御规划


རྫ་ཡུལ་རྫོང་མི་དམངས་སྲིད་གཞུང
察隅县人民政府 编



气象出版社
China Meteorological Press

## 内容简介

本书分析研究了察隅县气象灾害的空间分布和时间演变趋势的特征，从工程类气象灾害防御现状、非工程类气象灾害防御现状、存在的问题和面临的形势三个方面系统地总结了察隅县气象灾害的防御现状；依据气象灾害资料、社会经济资料、地理信息数据对察隅县气象灾害进行了风险区划、防御分区，同时根据气象灾害的特点提出了科学合理的防御措施；最后利用三个章节的内容详细阐述了气象灾害防御管理、气象灾害调查评估与恢复重建、气象灾害防御的保障措施。

**图书在版编目(CIP)数据**

察隅县气象灾害防御规划 / 察隅县人民政府编. —北京：气象出版社，2016.6

ISBN 978-7-5029-6355-2

Ⅰ. ①察… Ⅱ. ①察… Ⅲ. ①气象灾害-灾害防治-察隅县 Ⅳ. ①P429

中国版本图书馆 CIP 数据核字(2016)第 119919 号

Chayuxian Qixiang Zaihai Fangyu Guihua

**察隅县气象灾害防御规划**

察隅县人民政府 编

---

**出版发行**：气象出版社

**地　　址**：北京市海淀区中关村南大街 46 号　　**邮政编码**：100081

**电　　话**：010-68407112(总编室)　010-68409198(发行部)

**网　　址**：http://www.qxcbs.com　　**E-mail**：qxcbs@cma.gov.cn

**责任编辑**：杨柳妮　张锐锐　　**终　　审**：邵俊年

**责任校对**：王丽梅　　**责任技编**：赵相宁

**封面设计**：博雅思企划

**印　　刷**：北京京华虎彩印刷有限公司

**开　　本**：787 mm×1092 mm　1/16　　**印　　张**：6.125

**字　　数**：155 千字

**版　　次**：2016 年 6 月第 1 版　　**印　　次**：2016 年 6 月第 1 次印刷

**定　　价**：48.00 元

---

## 《察隅县气象灾害防御规划》
## 编辑指导委员会

主任委员　翁海卿

副主任委员　边巴次仁　尼玛扎西

委　　员　普琼达瓦　索朗丹巴　朱家斌　扎西顿珠
达瓦顿珠　杨克让　旺加　边巴顿珠
旺秋　王晓华

## 《察隅县气象灾害防御规划》
## 编写组

主　编　旺　杰

副主编　（按姓氏字母顺序排列）
旦增　德庆央宗　尼玛央珍　普琼达瓦
强巴欧珠　索朗丹巴　赵伟伟

成　员　（按姓氏字母顺序排列）
阿旺卓玛　樊时红　李缔华　米玛
冉光辉　卓嘎群措

# 序

察隅县地处西藏自治区东南部，属喜玛拉雅山脉和横断山脉交汇的高山峡谷区，东与云南省贡山县相连，北与波密县、昌都地区八宿县、左贡县相邻，西与墨脱县相接，南与缅甸、印度两国接壤。境内地形总的趋势是西北高、东南低，高差悬殊大，平均海拔 2800 米，最高海拔 6740 米（梅里雪山），最低海拔 600 米（前门里），相对高差达 6140 米。察隅属深切割高山河谷地貌，境内群山重叠，沟谷纵横，四周为山地，由气象条件引发的山洪、地质灾害、森林火灾及农业气象灾害等也较为严重，对察隅县农业、林业、水利、环境、能源、交通运输、通信等行业的影响越来越大，经济损失越来越严重。因此，加强气象灾害防灾减灾工作，是经济社会又好又快发展必须重视和解决的重大现实问题，是保障人民生命财产安全必须重视和解决的民生问题，是促进人与自然和谐相处必须重视和解决的重大战略问题。

《察隅县气象灾害防御规划》（以下简称《规划》）是气象灾害防御工程性和非工程性设施建设以及城乡规划、重点项目建设的重要依据，也是全社会防灾减灾的科学指南。通过《规划》的实施，可以推动全县经济社会发展再上新台阶，为全面建设惠及全县人民的小康社会提供保障，并为气象、民政、水利、农牧、交通、国土等部门开展相关工作提供参考依据。

《规划》正式颁布实施，凝聚西藏自治区气象局、林芝市气象局、察隅县人民政府及县发改委、气象局、民政局、农牧局、水利局、交通局、建设局、国土局、统计局、环保局、旅游局、教育局、卫生院等有关领导和专家的心血与汗水，在此，谨向参与《规划》编制的同志们表示衷心的感谢！

察隅县人民政府副县长：

2014 年 5 月 5 日

# 前　言

林芝市地处西藏东南部，位于 26°52′～30°40′N、92°09′～98°47′E；东临昌都地区的左贡县和云南省，南抵缅甸、印度，并与山南地区的错那、隆子县相毗连，西靠山南地区的曲松、加查、桑日、拉萨市的墨竹工卡县，北与那曲地区的嘉黎以及昌都地区的边坝、洛隆、八宿县接壤；东西长 646.7 千米，南北宽 353.2 千米，总面积为 11.7 万平方千米，边境线长达 1006.5 千米。

林芝市被称为西藏的瑞士，也被称为西藏的江南，气候湿润，景色宜人。林芝市成立于 1986 年，下辖林芝、米林、工布江达、墨脱、波密、察隅、朗县 7 个县，总人口 17.3 万人。山清水秀的林芝藏语意为“太阳宝座”。林芝市地处藏东南雅鲁藏布江下游，平均海拔在 3000 米左右，海拔最低的地方仅仅有 900 米。其主要城镇和景区有错高湖景区、八一镇、雅鲁藏布江大峡谷景区。其中首府八一镇位于尼洋河畔，是该地区政治经济及文化中心。林芝的原始森林景观保存完好，如高大挺拔的西藏古柏、喜玛拉雅冷杉及植物活化石“树蕨”等应有尽有，素有“天然的自然博物馆”、“自然的绿色基因库”之称。其中布裙湖一带还是传说中野人经常出没的地方。林芝是门巴族、珞巴族等人口较少民族的聚居地，他们的生活习惯及宗教信仰皆保留着浓厚的传统色彩，具有独特的民族风情。

察隅藏语意为“人居住地”。吐蕃时期这里就有了官衙建制。公元 1371 年帕竹政权的释迹坚赞当政后，宗址设在科麦。清代设科麦县。民主改革前为西藏噶厦政府所辖，此处设立的桑昂曲宗归朵麦基巧领辖。1960 年改设桑昂曲宗县，县府驻下察隅的赤通拉卡。1966 年 5 月改称察隅县，县府迁至吉公。

全县总面积 3.17 万平方千米，辖3 乡 3 镇、96 个行政村，总人口 2.8 万人（2013 年），农业人口 2.4 万人。边境线总长 588.64 千米，占全区边境线的八分之一以上，其中中印边境 401 千米，中缅边境 187.64 千米，是西藏自治区的重要边境县之一。

《察隅县气象灾害防御规划》中所指的气象灾害主要包括干旱、洪涝、霜冻、雷暴、冰雹、大风等所造成的灾害，以及由气象因素引发的衍生、次生灾害，包括农牧业气象灾害、林业气象灾害、水文气象灾害、交通气象灾害、电力气象灾害等。

为进一步加强察隅县气象灾害的科学预测和预防，加快察隅县气象防灾减灾体系建设，强化防灾减灾和应对气候变化能力，指导乡镇人民政府实施本行政区域气象灾害防御，最大限度减少气象灾害造成的损失，以《国家气象灾害防御规划》、《西藏自治区气象灾害防御规划》为指导，科学编制了《察隅县气象灾害防御规划》（以下简称《规划》）。该《规划》具有重要的现实意义。

本《规划》适用于察隅县行政区域内气象灾害防御，适用期限为 2014—2020 年，其中规划基准年为 2014 年，近期适用期限为 2014—2016 年，远期适用期限为 2017—2020 年。

《察隅县气象灾害防御规划》编委会

2014 年 5 月 5 日

# 编写说明

在全球气候持续变暖的大背景下，察隅县各类极端天气气候事件频繁发生，气象灾害造成的损失和影响不断加重，且气象灾害的突发性、反常性、不可预见性日益突出，这对察隅县经济社会发展、人民群众生活及生态环境构成很大威胁。为了进一步强化防灾减灾和应对气候变化能力，明确本地主要气象灾害的特点和防御重点，制定本地气象防灾减灾工作的指导思想、目标、主要任务和保障措施，为全面建设小康社会和构建社会主义和谐社会提供优质服务，为政府实施抢险救灾、保护人民生命安全提供科学依据，林芝市气象局在上级部门的指导和市、县两级各相关部门的协助下，历经一年多的时间，特编制了近15.5万字的《察隅县气象灾害防御规划》。《察隅县气象灾害防御规划》分析研究了察隅县气象灾害的空间分布和时间演变趋势的特征，从工程类气象灾害防御现状、非工程类气象灾害防御现状、存在的问题和面临的形势三个方面系统地总结了察隅县气象灾害的防御现状；依据气象灾害资料、社会经济资料、地理信息数据对察隅县气象灾害进行了风险区划、防御分区，同时根据气象灾害的特点提出了科学合理的防御措施；最后利用三个章节的篇幅详细阐述了气象灾害防御管理、气象灾害调查评估、救灾与重建、气象灾害防御的保障措施。

由于气象灾害涉及社会各方面，对其有关资料的收集难度大，是一项艰难的工作。林芝市气象局目前下属有3个县气象局、4个气象观测站，即林芝、米林、波密、察隅，站点主要集中在地区中部和东南部，地区南部和西部无站点，各站点气象资料参差不齐。

由于编者时间、精力有限，缺乏经验，书中错误和不当之处在所难免，敬请读者批评指正。

《察隅县气象灾害防御规划》编委会

2014 年 5 月 5 日

# 目 录

# 第1章 总 则

## 1.1 规划的目的和意义

防御气象灾害是公共安全的重要组成部分，是政府履行社会管理和公共服务职能的重要体现，是重要的基础性公益事业。气象灾害防御规划，是气象灾害防御工程性和非工程性设施建设及城乡规划、重点项目建设的重要依据，也是全社会防灾减灾的科学指南。在全球气候持续变暖的大背景下，各类极端天气气候事件更加频繁，气象灾害造成的损失和影响不断加重，气象灾害的突发性、反常性、不可预见性日益突出，严重威胁人民群众生命财产安全，给国家和社会造成巨大损失。察隅县受印度洋海洋性西南季风影响，气候温和湿润，主要有洪涝、干旱、雪灾、霜冻、冰雹、雷电等气象灾害，由气象因素导致的灾害破坏性相当大，且由此引发的山体滑坡、泥石流、森林火灾、雪崩、病虫害等次生灾害也频繁发生，对察隅县经济社会发展、人民群众生活及生态环境构成很大威胁。为了进一步强化防灾减灾和应对气候变化能力，明确本地主要气象灾害的特点和防御重点，制定本地气象防灾减灾工作的指导思想、目标、主要任务和保障措施，指导未来十年地方气象防灾减灾工作，将气象灾害防御从过去分散的、被动应急的状况，转变为政府的日常管理工作序列，逐步建立完善的气象防灾减灾体系，统筹防御各类气象灾害，提升气象防灾减灾综合能力，为全面建设小康社会和构建社会主义和谐社会提供优质服务，为政府实施抢险救灾、保护人民生命财产安全提供科学依据，根据《国家气象灾害防御规划》指导意见，特编制《察隅县气象灾害防御规划》。

## 1.2 编制依据

### 1.2.1 法律、法规

以《中华人民共和国气象法》、《中华人民共和国突发事件应对法》、《中华人民共和国防洪法》、《中华人民共和国水法》、《中华人民共和国防沙治沙法》、《中华人民共和国防汛条例》、《地质灾害防治条例》、《人工影响天气管理条例》、《气象灾害防御条例》、《国家突发公共事件总体应急预案》和《西藏自治区气象条例》、《西藏自治区自然灾害救助应急预案》、《西藏自治区防雷减灾管理办法》、《西藏自治区人工影响天气管理办法》、《西藏自治区地质灾害防治管理暂行办法》、《西藏自治区气象灾害应急预案》、《西藏自治区气象灾害防御办法》等法律、法规为依据。

### 1.2.2 重要文件

《察隅县气象灾害防御规划》编制依据的重要文件有："中央第五次西藏工作座谈会精神"、《国务院关于加快气象事业发展的若干意见》、《国务院办公厅关于进一步加强气象灾害防御工作的意见》，以及《西藏自治区"十二五"时期国民经济和社会发展规划纲要》、《西藏自治区人民政府关于加快气象事业发展的若干意见》、《西藏自治区人民政府关于贯彻国务院办公厅关于进一步加强气象灾害防御工作意见的实施意见 》、全国气象部门第五次西藏工作会议精神、《中国气象局关于推动西藏气象事业又好又快发展的意见》、《西藏自治区气象局关于组织开展县级气象灾害防御规划编制工作的通知》、《林芝市行署办公室关于转发联合编制林芝市县级气象灾害防御规划工作的通知》等。

### 1.2.3 相关资料及规划

《察隅县气象灾害防御规划》编制依据的相关资料及规划有：中国小河流治理和病险水库除险加固、山洪地质灾害防治、易灾地区生态环境综合治理总体规划、西藏自治区“十二五”时期国民经济和社会发展纲要、西藏自治区中长期科学和技术发展规划纲要(2006—2020年)、西藏自治区“十二五”水利发展规划、西藏自治区重点地区中小河流治理规划(2009—2020年)、“十二五”西藏气象基础能力建设项目建议书、“十二五”西藏气象重点工程建设项目建议书、林芝市“十二五”时期国民经济和社会发展纲要、察隅县“十二五”时期国民经济和社会发展纲要、西藏林芝地区察隅县地质灾害防治规划及林芝市统计年鉴(2009年)。《察隅县气象灾害防御规划》以上述法律、法规、文件和规划为依据,以《国家气象灾害防御规划》和《西藏自治区气象灾害防御规划》为指导,结合察隅县当地的实际情况,编制《察隅县气象灾害防御规划》(以下简称《规划》)。

## 1.3 适用范围与期限

规划适用范围:本《规划》是察隅县气象灾害防御工作的指导性文件,适用于西藏林芝市察隅县区域内。

规划期限:规划期为2014—2020年,规划基准年为2014年。

## 1.4 指导思想

以邓小平理论、“三个代表”重要思想、科学发展观为指导,统筹人与自然和谐发展;以气象灾害风险调查和区划为基础,以地方多发、频发气象灾害的防御为重点,以监测预防为主要手段,以确保人员安全、最大限度地减少经济损失、保障社会稳定为主要目的,建立健全“政府领导、部门联动、社会参与”的气象灾害防御机制;综合运用行政、法律、科技、市场等多种手段,着力加强气象灾害监测预警、预报服务、应对准备、应急处置工作,提高全社会防灾减灾意识,建立健全综合减灾管理体制和运行机制,逐步完善灾害防御体系,全面提高气象灾害防御能力,趋利避害,保障人民生命财产安全、经济发展和社会和谐稳定。

## 1.5 基本原则

**(1)以人为本,趋利避害**

坚持把保障人民生命财产安全放在首位,完善紧急救助机制,最大限度地降低气象灾害对人民生命财产造成的损失。改善人民生存环境,加强气象灾害防御知识普及教育,实现人与自然和谐共处。

**(2)预防为主,防抗结合**

立足于预防为主,防、抗、救并举,非工程性措施与工程性措施相结合。充分利用各部门、各行业减灾资源,扎实推进减灾工作由减轻灾害损失向减轻灾害风险转变,积极探索减轻气象次生灾害的有效途径,全面提高综合减灾能力和风险管理水平。

**(3)统筹规划,突出重点**

实行"统一规划、突出重点、分步实施、整体推进"的原则,采取因地制宜的防御措施,按轻重缓急推进区域防御,逐步完善防灾减灾体系。集中资金,合理配置各种减灾资源,减灾与兴利并举,优先安排气象灾害防御基础性工程,加强重大气象灾害易发区的综合治理,做到近期与长期结合、局部与整体兼顾。

**(4)依法防灾,科学应对**

要遵循国家和西藏自治区的有关法律、法规及规划,并依托科技进步与创新,加强防灾减灾的基础和应用科学研究,提高科技减灾水平。经济社会发展规划以及工程建设应当科学合理避灾,气象灾害防御工程的标准应当进行科学的论证,防灾救灾方案和措施应当科学有效。

## 1.6 目标和任务

提高气象灾害监测、预警、评估及其信息发布能力,健全气象灾害防御方案,增强全社会气象灾害防御意识和知识水平,完善"政府领导、部门联动、社会参与"的气象灾害防御工作机制和"功能齐全、科学高效、覆盖城乡"的气象防灾减灾体系,建设一批对国计民生具有基础性、全局性及关键性作用的气象灾害防御工程，减轻各种气象灾害对经济社会发展的影响。与“十一五”期间相比，到规划期末，气象灾害造成的人员伤亡率明显减少，气象灾害造成的经济损失占国内生产总值的比例降低到一定程度。

### 1.6.1 目标

**（1）总体目标**

建立和完善气象灾害监测、预警、调查评估和应急救助指挥体系，建成结构完善、功能先进、软硬结合、以防为主和政府领导、部门协作、配合有力、保障到位的气象防灾减灾体系，健全气象灾害防御管理体系，建立比较完善的气象灾害防御工作运行机制，促成一批对经济社会具有基础性、全局性、关键性作用的气象灾害防御工程，提高全民气象灾害防御意识和知识水平，减轻各种气象灾害对经济社会的影响，使气象灾害造成的直接经济损失率显著下降。

**（2）近期目标（2015—2016年）**

统计各种气象灾害的影响范围、发生频率、危害程度；绘制气象灾害分布图；分析总结各种气象灾害的成因；搜集整理防御和减轻各种气象灾害的方法和措施；建立和完善气象灾害监测、预警、应急体系；建立气象灾害风险性评估机制，开展气象灾害风险评估；制定防御和减轻各种气象灾害的建议和方案；初步建成气象灾害重点防御区非工程性措施与工程性措施相结合的综合气象防灾减灾体系；灾害发生24小时之内，保证灾民得到食物、饮用水、衣物、医疗卫生救援、临时住所等方面的基本生活救助；突发气象灾害预警准确率明显提高；85％的城乡社区建立减灾救灾志愿者队伍，95％以上城乡社区有1名气象信息员，公众减灾知识普及率明显提高；加强气象信息接收设施建设，信息覆盖率达90％；总体上减轻各种气象灾害的损失。

**（3）远期目标（2017—2020年）**

按照察隅县经济社会发展总体规划、任务和要求，加速气象防灾减灾工程和非工程体系的建设。建成气象多灾种预报预警系统；加大气象灾害易发区域的工程治理力度；实施重点水利工程；按照城市规划要求，中心城市、经济开发区防洪工程按50年一遇标准建设；提升主要中心城镇和重点农业园区防洪排涝建设能力，按20年一遇防洪，10年一遇排涝的标准完善配套；加强小流域治理，达到10年一遇的防洪标准；在多灾易灾的城镇和城乡社区普遍建立避难场所，灾害损毁民房恢复重建普遍达到规定的设防水平，各类防汛防旱、城市防洪、交通防灾等工程性建设基本适应建设小康社会发展的要求，进一步推动气象防灾减灾事业的全面发展，使气象灾害造成的直接经济损失率显著下降，人员伤亡明显减少。到2020年，气象灾害监测率达到90%以上，气象灾害预警信息的公众覆盖率达到95%以上。

### 1.6.2 任务

**（1）加强灾害监测预警预报能力建设**

**提高气象灾害综合探测能力，提升灾害性天气监测水平** 在完善现有监测站网的基础上，适当增加监测密度。建立结构合理、布局适当、功能齐备的气象灾害综合探测、立体监测体系。

**完善气象灾害信息网络** 充分利用各有关部门的基础地理信息、经济社会专题信息和灾害信息，构建气象灾害综合信息共享平台，加强对灾害信息的分析、处理和应用。

**提高气象灾害预警能力** 推进监测预警基础设施的综合运用与集成开发，加强预警预报模型、模式和高新技术运用，完善灾害预警预报决策支持系统，发展精细化气象预报业务和公共气象服务平台。

**加强气象灾害预警信息发布** 建立健全灾害预警预报信息发布机制，充分利用各类传播方式，准确、及时发布灾害预警预报信息，显著提升气象灾害监测、预警能力。

**（2）加强气象灾害风险评估能力建设**

**加强气象灾害风险调查和隐患排查** 建立以社区、乡村为基础的气象灾害风险调查收集网络，开展气象灾害风险隐患排查，建立气象灾害风险数据库，分灾种编制气象灾害风险区划图；组织开展基础设施、建筑物等防御气象灾害的能力普查，编制承灾体脆弱性区划；完善灾情统计标准，建立灾情统计体系，建成灾情上报系统，健全灾情信息快报、核报工作机制。

**建立气象灾害风险评估和气候可行性论证制度** 建立重大工程建设的气象灾害风险评估制度，研究制定综合评估气象灾害危险性、承灾体脆弱性和气象灾害风险评估的方法和模型、风险等级标准和风险区划工作规范，开展气象灾害风险区划和评估，将气象灾害风险评估纳入工程建设项目行政审批的重要内容，确保在城乡规划编制和工程立项中充分考虑气象灾害的风险性，为经济社会发展布局和编制气象灾害防御方案、应急预案提供依据，避免和减少气象灾害的影响。

**加强气候变化影响评估** 开展气候变化事实及演变规律的监测分析，加强全球气候变暖背景下察隅县区域内气象灾害发生和发展规律研究，开展气候变化对极端气象灾害事件，以及对经济、社会、国防、能源、水资源、生态环境等的影响评估和应对措施研究；建立集气候变化监测、预测、影响评估、应对为一体的气候变化业务。

**(3)加强气象灾害综合防范能力建设**

**制定并实施气象灾害防御方案** 依据气象灾害特点及其风险区划，针对各类气象灾害，组织编制防御方案，明确气象灾害政府行政管理体制、各部门的防御职责和联动机制、气象灾害防御重点和防御措施等事项，完善气象灾害防御组织领导体系和应急救援组织体系，形成政府领导、部门联动、社会参与、功能齐全、科学高效、覆盖城乡的气象灾害综合防御体系。各有关部门要按照气象灾害防御方案的有关要求，编制气象灾害防御分方案，进一步分解任务、明确目标、细化责任。建立气象灾害防御综合效益评估机制，及时分析总结气象灾害防御工作中的新问题，不断修订、补充和完善气象灾害防御方案。

**加强气象灾害防御科普宣传教育工作** 在科普馆中设立气象科普室，扩展气象科普基地，广泛开展全社会气象灾害防御知识的宣传，将气象灾害防御知识纳入文化、科技、卫生“三下乡”活动，加强对全民特别是农牧民、中小学生等防灾减灾知识和防灾技能的宣传教育。定期组织气象灾害防御演练，提高全社会气象灾害防御意识和避险防灾能力。

**(4)加强气象灾害应急处置能力建设**

**完善气象灾害应急预案** 各有关部门组织制定各类气象灾害的应急预案，明确气象灾害的等级划分、气象灾害的监测预警和信息发布、应急救援的启动和终止规程、紧急避难场所和转移路线、气象灾害应急救援组织体系、各部门职责和联动机制、应急处置措施等事项，基本形成纵向到底、横向到边的气象灾害应急预案体系，形成科学决策、统一指挥、分级管理、反应灵敏、协调有序、运转高效的气象灾害应急救援体系。开展应急演练,促进各单位的协调配合和职责落实。加强应急预案的动态管理,适时对预案进行修订和更新。

**提高气象灾害应急处置能力** 加强气象灾害应急处置能力建设,建立健全各相关部门紧密协同联动的管理体制和运行机制,加强气象灾害防御信息跨部门共享和协作联动。加强人工影响天气作业能力建设,提高对干旱、冰雹、森林火灾等灾害的人工影响天气应急作业水平。充分利用已有的救灾抢险物资储备库,加强救灾应急救援物资储备,加强应急救援装备、设施、避难场所的建设和统筹管理。发展和壮大气象减灾志愿者及信息员队伍,建立和完善气象灾害防御社会动员机制,充分发挥群众团体、民间组织、基层自治组织和公民在气象灾害防御、紧急救援、救灾捐赠、医疗救助、卫生防疫、恢复重建、灾后心理疏导等方面的作用。

**提高基层气象灾害综合防御能力** 充分发挥社区、乡镇在气象防灾减灾能力建设方面的基础作用。加强气象灾害应急准备工作检查,对基层气象防灾减灾基础设施进行评估,促进基层气象灾害应急准备规范化和社会化。建立社区、乡镇气象信息服务站,确保及时接收气象灾害预警信息并向责任区内的群众传递,按照防御方案和应急预案,正确防御气象灾害。加强城乡社区居民家庭防灾减灾准备,建立应急状态下社区弱势群体保护机制。面向社区、乡镇开展气象灾害防御远程培训、集中培训和应急演练相结合的综合培训。

# 第2章 概 述

## 2.1 自然环境

### 2.1.1 地理位置

察隅县地处西藏自治区东南部，属喜马拉雅山脉和横断山脉交汇的高山峡谷区，东与云南省贡山县相连，北与波密县、昌都地区八宿县、左贡县相邻，西与墨脱县相接，南与缅甸、印度两国接壤。地理坐标在东经95°41′至98°45′之间，北纬27°44′至29°32′之间。全县总面积3.17万平方千米。东西长约300千米，南北宽约200千米，边境线总长588.64千米，其中中印边境线长401千米，中缅边境线长187.64千米。察隅县城驻地为竹瓦根镇，位于东经97°28′、北纬28°39′，距自治区首府拉萨市943千米，距林芝市行署所在地八一镇537千米。

### 2.1.2 地形地貌特征

察隅境内地形总的趋势是西北高，东南低，高低悬殊，相对高差达6140米，平均海拔2800米，最高是察瓦龙乡与云南省德庆县交界的怒山山脉的梅里雪山，海拔6740米；最低在察隅河下游下察隅前门里（印占区），海拔600米。境内以伯舒拉岭山脉和祁灵公山脉为代表，南北延展120～250千米。境内地貌复杂多样，以高原延伸面为基础，兼有海洋性冰川、雪原、高山、峡谷、山地丘陵、山川河谷盆地、草甸等地形类型。境内山水相依，雪山耸峙，草原广袤，河谷深邃，构成了藏东南高山峡谷区的奇特景色。海拔4800米以上的地区现代冰雪地貌占绝对优势，海拔3800～4800米地区冻土和冰缘地貌占优势，海拔3800米以下地区流水侵蚀和堆积地貌占主要地位，并伴随重力和泥石流等各种物理地貌作用广泛发育。境内高海拔及深切割而造成的相对高差带来地貌上明显的垂直分带现象，垂直方向上不同高程地带有不同成因的地貌类型及其组合，水平方向也呈现不同高程、不同成因类型的地貌组合。全境具有典型的高山峡谷与山地河谷地貌，山脉之间是宽窄相间的河流谷地，其中最大的有怒山山脉和伯舒拉岭山脉之间的察瓦龙峡谷。

### 2.1.3 地质构造特征

察隅县境内的地壳属冈底斯陆块，位于县域北部念青唐古拉山区的嘉黎断裂带，将其进一步划分为北部的八宿陆片和中南部的察隅陆片，其中察隅陆片又为察隅断裂带所切割，造成区内的地质现象比较复杂。

嘉黎断裂带为区域上的狮泉河—申扎—嘉黎断裂带的东段，是一条区域性边界断裂。该断裂总体呈近东西向舒缓波状延伸，总体倾角较陡，倾向以向南为主，局部向北倾。断裂北侧大面积出露中侏罗—下白垩统地层，南侧则大面积出露石炭纪至二叠纪地层。该断裂在区内已为中新生代侵入岩所“焊接”，新构造活动性不强，部分地段可见断裂破碎带宽在30米以上，发育碎裂岩、碎粉岩及构造透镜体等，局部地段发育有温泉。

察隅断裂带也称为易贡藏布断裂带，呈北西—西向延伸，宽3～7千米，由多条近似平行的次级断裂组成。该断裂控制了易贡藏布和迫隆藏布河谷的展布。次级断裂大部分向北倾斜，少数向南倾斜，倾角一般大于60°。该断裂带总体表现为断隆，中部出露前震旦纪变质岩，两侧出露古生代变质岩，并控制了早侏罗世中酸性侵入岩的分布，并有属蛇绿岩套的超基性岩碎片分布。该带新构造活动性较强，不仅控制了现代地貌的形成，也是藏东南的控震断裂带之一。

### 2.1.4 河流水系

察隅境内河流均属印度洋水系。以阿扎公拉雪山和伯舒拉岭为分水岭，西北为雅鲁藏布江支流帕隆藏布的源头比玛曲；东南为恩梅开江的源头桑久曲、卡打曲和勒孔曲；东为怒江及其支流昂曲；西—西南为雅鲁藏布江支流察隅河上游的桑曲和贡日嘎布曲。境内河流纵横密布，长年径流不断的河流有1300多条，其中主要河流有28条。境内河流主要分为怒江、吉太曲（独龙江）、丹巴河、察隅河四大水系。全县河系水面面积

153037亩[①]。河流滩多水急，不便航运，但蕴藏着丰富的水能资源。

### 2.1.5 覆被状况与土地利用

察隅境内森林覆盖率43.63%，森林面积746091公顷，林业用地面积为855268公顷，占土地总面积的44.44%，占林芝市林业用地面积的34.77%（不含印占区）；全县活立木总蓄积量230328817立方米，占林芝市活立木蓄积量的26.11%，是林芝市最大的原始林区。具有热带、亚热带、暖温带、寒温带和湿润、半湿润气候带的各种森林植被，是世界生物多样性最典型地区，高等植物达2000多种。木本植物有上百种，几乎从亚热带到寒温带的各种针、阔叶树种均有分布。林木主要有云杉、冷杉、铁杉、红豆杉、高山松、乔松、华山松、云南松、落叶松、柏木、柏桦、青冈、香椿、樟木、檀木、楠木、桦木等，其中乔松、喜马拉雅冷杉、红豆杉、檀木属稀有树种。野生动物300余种，有虎、豹、黑熊、小熊猫、獐子、羚牛、鼯鼠、鹦鹉等100多种国家级保护动物。林下资源十分丰富，有各类中草药材2000余种，食用菌类100余种。

### 2.1.6 气候概况

察隅县受印度洋海洋性西南季风影响，气候温和湿润，海拔2700米以下属亚热带气候带，海拔2700～4200米属高原温暖半湿润气候带，4200米以上属高原冷湿寒湿带，其气候总的来说，夏无酷热、冬无严寒、雨量充沛、霜期短、昼夜温差大、气候湿润。

据1981—2010年的研究显示，察隅县年平均降水量为792.5毫米，最多年降水量为1204.5毫米，出现在2010年，最少年降水量为419.5毫米，出现在2009年。降水主要集中在3—10月，占全年降水量的91%，降水分布呈双峰型，4月为第一个高峰期，7月为次高峰期（图2.1a）；年平均气温为11.9℃，年极端最高气温出现在2001年7月5日，极值为32.6℃；极端最低气温出现在1983年1月5日，极值为−5.3℃（图2.1b）；年日照时数达到1432.6小时，年日照百分率为73%；察隅县的年平均风速为2.1米/秒，年总大风日数为20.6天。常见气象灾害有洪涝、干旱、霜冻、冰雹、雪灾、雷暴等。

---

① 1亩≈666.67平方米。

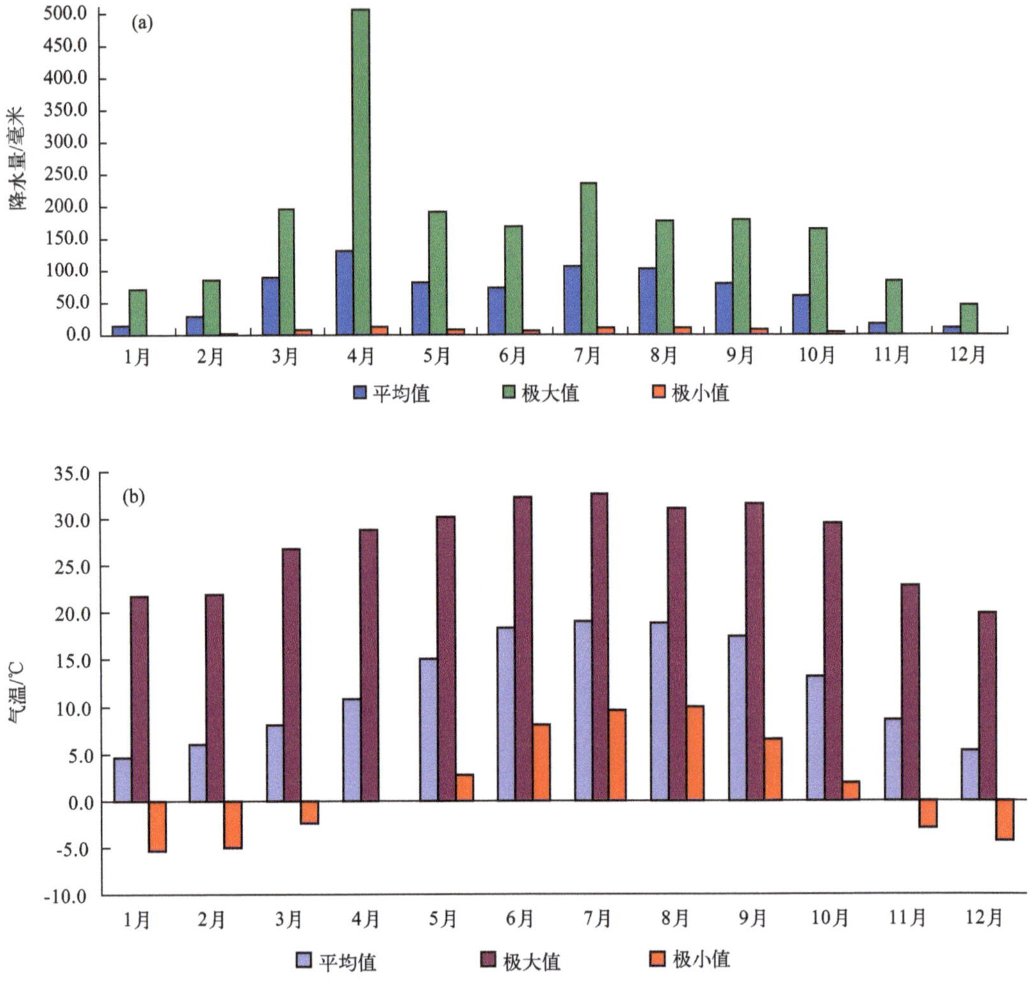


图 2.1 1981—2010 年察隅县气候概况直方图

(a)降水月平均和月极值；(b)察隅 30 年气温月平均和月极值

## 2.2 综合经济概况

察隅县坚持“生态立县、城镇带动、农牧稳县、副业富民、项目强县、教育优先、团结兴县”二十八字方针，在中央的亲切关怀和广东省的大力支援下，紧紧依靠全县各族人民，开拓创新，团结奋斗，不断完善经济社会发展思路，加大投资力度，改善基础设施。经济增长的质量和效益不断提高，产业结构调整取得很大进展，农牧业基础地位进一步巩固，基础设施条件明显改善，教育、文化、卫生等各项社会事业全面进步，生态建设和环境保护工作得到加强，城乡人民生活水平显著提高，农牧民人均纯收入连续五年保持了两位数增长。

**一是经济实现较快发展。**察隅县始终坚持以经济建设为中心，保持了经济的持续快速健康发展。2010年全县生产总值达到3亿元，比2005年的1.4亿元增加了1.6亿元，年均增长16.5%，连续5年保持了2位数的增长。2010年县财政收入完成1641万元，比2005年的639万元增加了1002万元，年均增长21%。县经济发展水平得到大幅度提升，财力得到明显增强，经济总量迈上了一个新台阶。

**二是人民群众生活水平得到不断改善。**察隅县始终坚持以人为本，围绕农牧民增收这个中心任务，着力改善群众生活，农牧民收入水平明显提高。农牧民人均纯收入和现金收入分别从“十五”末的1737元和1346元增加到3806元和3146元，分别年均增长12.6%和11.8%。大力实施扶贫项目，增强造血功能，贫困人口逐年减少，2010年底较2005年减少了320余人。

**三是基础设施建设取得新成效。**以水、电、交通等为重点的基础设施建设力度逐年加大。“十一五”期间全社会固定资产投资总额完成10.5亿元，较“十五”时期增长了2.5倍多。建成了然察油路、古拉公路、明察公路、贡察公路、日坞大桥、嘎巴大桥、扎朗电站等一批对经济增长有重大支撑作用的基础设施项目。2010年底，公路通车总里程达到985.6千米，较之2005年底518千米增加467.6千米，实现了65个行政村通路，公路通达率达到64%；电力装机容量达到3860千瓦，比2005年增加310千瓦，完成了三期农网改造工程。市政建设步伐逐步加快，城镇面貌发生深刻变化。

**四是新农村建设取得新进展。**以农牧民安居工程为突破口，扎实推进社会主义新农村建设。2009年底，全县完成4140户安居工程建设，提前1年完成安居工程任务。农牧区水、电、路、通信、邮电和广播电视等基础设施配套建设不断加强，村级道路硬化10个，全县建成村级文化室93个，农牧民综合生产能力显著提高，农牧区面貌发生巨大变化。截至2010年底，行政村通电话率达到79%，用电人口达到12304人，实现安全饮水人口达到21369人，分别占农牧民总数的51.7%和89%，较之“十五”末，分别提高了12.2个百分点和43.7个百分点。

**五是社会事业形成新局面**。察隅县始终坚持经济社会协调发展，以农牧区为重点，加快发展各项社会事业，全县人民的思想道德素质、科学文化素质和健康素质不断提高。“十一五”期间，围绕巩固“普六”、“普九”的目标，投入教育事业经费和基建逐年增加，中、小学适龄儿童入学率分别达到 93.3%和 99.6%；文化广播事业发展迅速，广播、电视人口覆盖率分别达到 80.5%和 92.6%；农村医疗卫生条件明显改善，新型合作医疗人数实现全覆盖。科技、气象、地震和妇女儿童等各项工作都取得新的成绩。

**六是生态环境得到有效保护**。牢固树立科学发展观，坚持把保护好绿水青山作为一项政治使命，作为又好又快发展的一件大事。截至目前，已建成慈巴沟国家级自然保护区，自然保护区总面积达 152.1 万亩，重点公益林面积达到 865.8 万亩，累计植树造林 2.76 万亩。全面实施农牧区燃料替代工程，建成沼气 1950 口。大力实施重点领域节能减排工程，加强饮用水源地保护建设，积极开展污染治理。

# 第 3 章 气象灾害时空分布特征

## 3.1 干旱

### 3.1.1 指标

采用国家标准 GB/T 20481—2006 降水量距平百分率气象干旱等级来划分干旱不同程度等级(表 3.1),某时段降水量距平百分率($P_a$)计算如下:

$$P_a = \frac{p - \overline{p}}{\overline{p}} \times 100\%$$

式中,$p$ 为某时段降水量,$\overline{p}$ 为计算时段同期气候平均降水量。

表 3.1 降水量距平百分率干旱划分表

| 等级 | 类型 | 月尺度降水量距平百分率/% |
|---|---|---|
| 1 级 | 轻旱 | $-60 < P_a \leqslant -40$ |
| 2 级 | 中旱 | $-80 < P_a \leqslant -60$ |
| 3 级 | 重旱 | $P_a \leqslant -80$ |

### 3.1.2 干旱风险程度分布特征

干旱是农、牧业生产过程中,因雨水不足出现严重缺水,导致作物生长不良而减产或凋萎枯死,草场牧草返青迟、生长差或枯黄,影响牲畜膘情。从干旱风险程度分布图(图 3.1)看,重旱区主要集中在竹瓦根镇的大部;古玉乡、古拉乡及察瓦龙乡为中旱区;而上察隅镇中部、下察隅镇及自然保护区为干旱发生的次低值区;上察隅西部干旱风险程度最低。

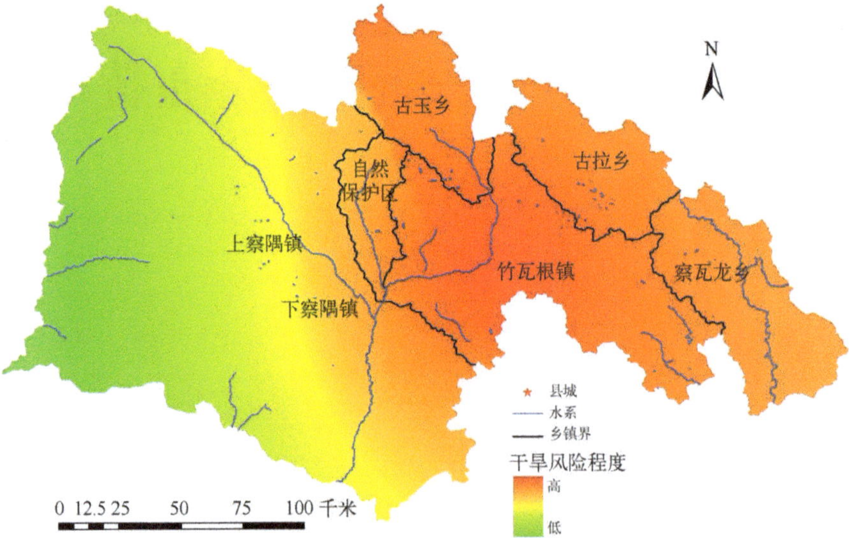


图 3.1 察隅县干旱风险程度分布图

## 3.2 洪涝

### 3.2.1 指标

利用降水量距平百分率，计算如下：

$$P_a = \frac{p - \overline{p}}{\overline{p}} \times 100\%$$

式中，$p$ 为某时段降水量，$\overline{p}$ 为计算时段同期气候平均降水量。

表 3.2 降水量距平百分率洪涝划分表

| 等级 | 类型 | 月尺度降水量距平百分率/% |
| --- | --- | --- |
| 1 级 | 轻涝 | $40 \leqslant P_a < 60$ |
| 2 级 | 中涝 | $60 \leqslant P_a < 80$ |
| 3 级 | 重涝 | $P_a \geqslant 80$ |

### 3.2.2　洪涝风险程度分布特征

洪涝灾害是由集中降水所致，察隅县 3 月下旬至 9 月上旬为降水集中时段，4 月和 7—8 月为强降水发生的高发期。从洪涝风险程度分布图（图 3.2）看，察隅县的洪涝灾害主要发生在中部大部、南部，洪涝高发区在竹瓦根镇、下察隅镇、自然保护区、古拉乡大部、古玉乡、上察隅镇南部及察瓦龙乡西部；上察隅镇中西部、察瓦龙乡东部为发生洪涝灾害的中高区；上察隅镇、古玉乡及古拉乡的北部为发生洪涝灾害的低值区。

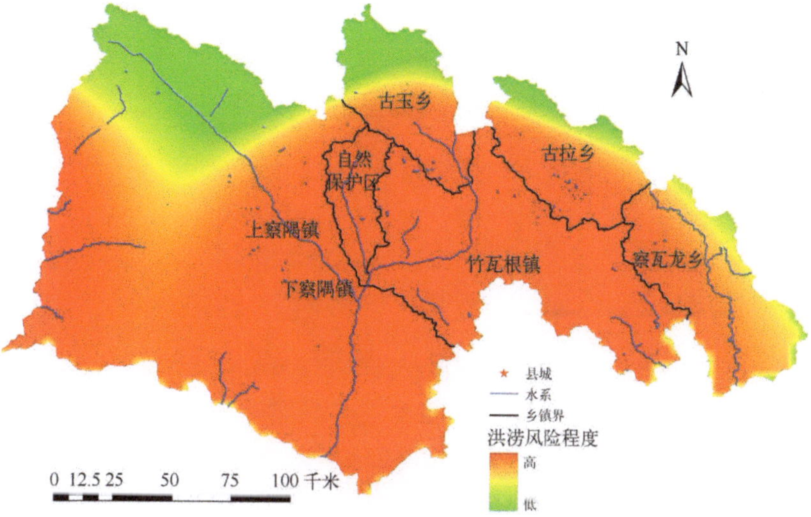


图 3.2　察隅县洪涝风险程度分布图

## 3.3　霜冻

### 3.3.1　指标

以日最低气温 $T \leqslant 0℃$ 作为霜冻指标，规定：$-2.0℃ < T \leqslant 0℃$ 为轻霜冻，$T \leqslant -2℃$ 为重霜冻。

### 3.3.2　霜冻风险程度分布特征

霜冻是指在生长季里因土壤表面和植株体温度降到 0℃或 0℃以下，使农作物幼苗或尚未成熟的庄稼受到冻害减产的一种气象灾害。察隅县初霜出现在10月底，终霜出现在次年3月下旬。从察隅年霜冻风险程度分布（图3.3）看，察隅县中部区域大部为霜冻中高危险性等级区；古玉乡东北部、古拉乡北部、察瓦龙乡东北部、上察隅镇西北部为霜冻高危险性等级区；而古玉乡东北与上察隅镇西部发生霜冻可能性很低。

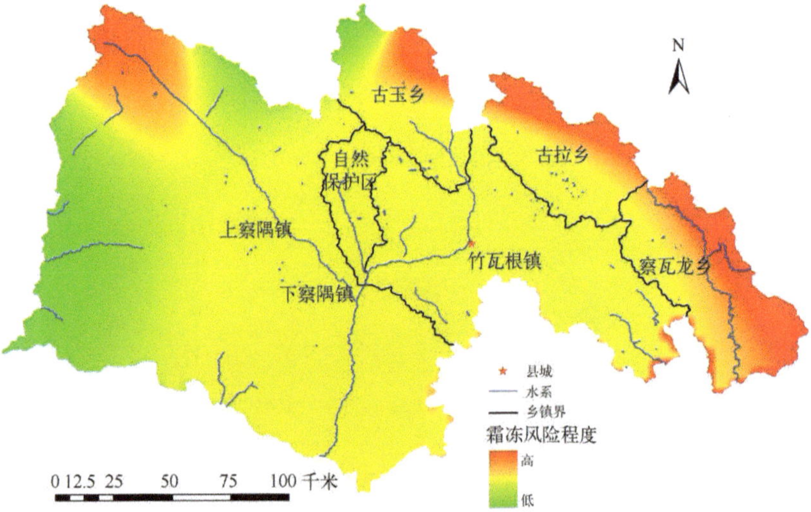


图3.3 察隅县霜冻风险程度分布图

## 3.4 雪灾

### 3.4.1 指标

凡出现日降水量不小于0.1毫米的降雪，统计为一个降雪日。

表3.3 雪灾强度等级表

| 雪灾等级 | 积雪深度/厘米 | 积雪持续日数/天 |
|---|---|---|
| 轻度 | 3～4 | 3～4 |
| 中度 | 5～9 | 5～9 |
| 严重 | 5～9 | 10～14 |
| 特大 | ≥10 | ≥15 |

### 3.4.2　雪灾风险程度分布特征

察隅县因海拔较低，出现雪灾的概率较低，发生雪灾的季节主要在每年冬春(从 2 月至 4 月)。从察隅县雪灾风险程度分布图(图 3.4)来看，察隅县中部竹瓦根镇为察隅县雪灾高发区；古玉乡、古拉乡及察瓦龙乡为雪灾中高区；下察隅镇、自然保护区北部及上察隅镇中东部为雪灾次低值区；而上察隅镇东部发生雪灾的可能性则很小。

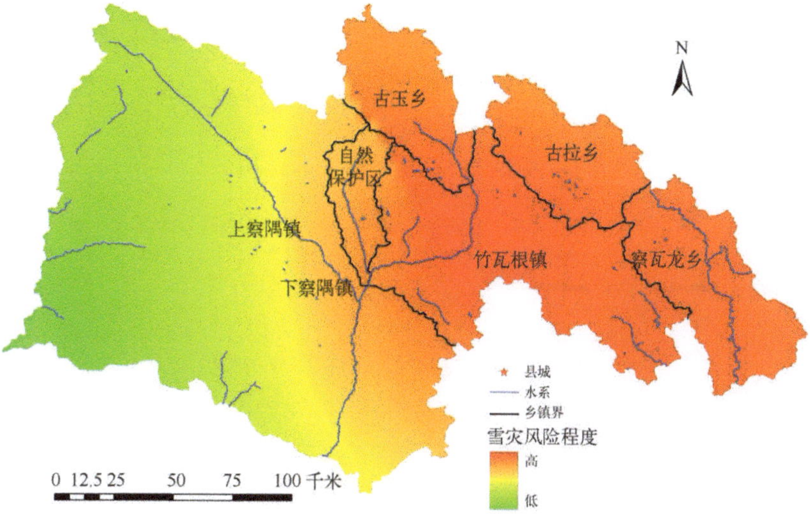


图 3.4　察隅县雪灾风险程度分布图

## 3.5　雷暴

### 3.5.1　指标

气象观测站在一天内听到雷声则记录当地一个雷暴日。

### 3.5.2　雷暴风险程度分布特征

雷暴是夏季常见的天气现象，会伴有暴雨、大风、雷电等灾害性天气，从察隅县雷暴灾害风险程度分布图(图 3.5)看，察隅县中部大部分区域为雷暴发生的中危险区；古玉乡与古拉乡的北部及察瓦龙乡的东北部为雷暴发生高危险区；而上察隅镇的西南部为雷暴发生低危险区，其北部发生雷暴的可能性则很小。

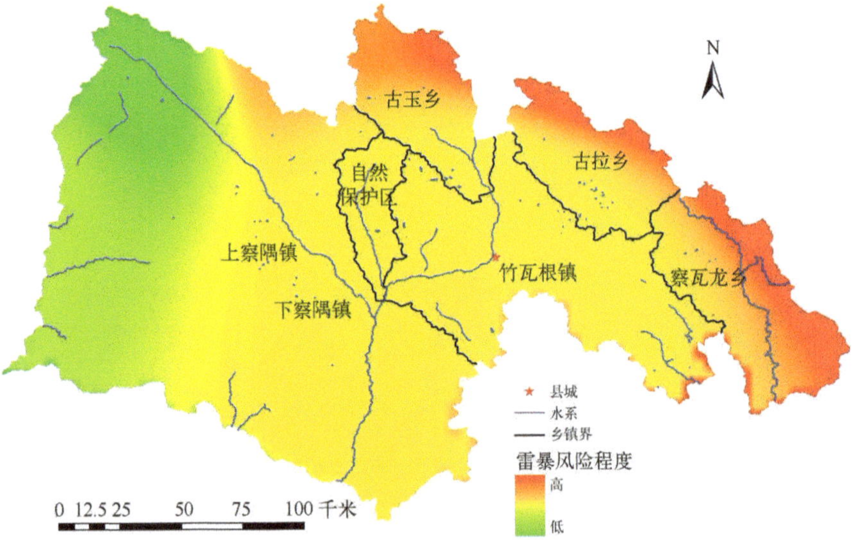


图 3.5 察隅县雷暴风险程度分布图

## 3.6 冰雹

### 3.6.1 指标

一天中凡出现冰雹天气现象时统计为一个冰雹日。

### 3.6.2 冰雹风险程度分布特征

多冰雹是高原天气的特点之一，冰雹对农业生产的危害仅次于干旱和霜冻。察隅每年的3—11月均出现冰雹，3—5月为冰雹高发期。从察隅县冰雹风险程度分布情况（图3.6）看，东部古玉乡、古拉乡及察瓦龙乡部分村为冰雹高发区；上察隅镇西部部分区域为中高区；察隅县中部大部分区域为中等区；而上察隅镇北部则为冰雹低发区。

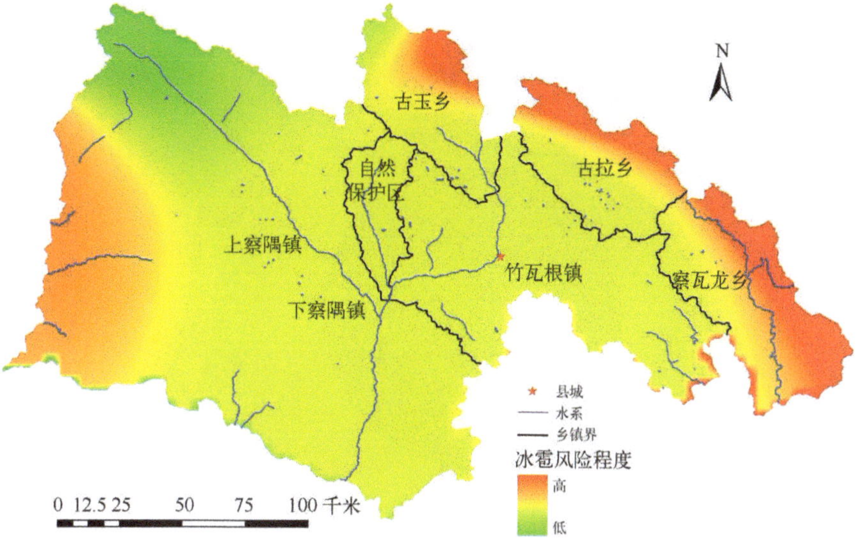


图 3.6　察隅县冰雹风险程度分布图

# 3.7　大风

## 3.7.1　指标

凡出现瞬时风速达到或超过 17 米/秒的，当天作为一个大风日统计。

## 3.7.2　大风风险程度分布特征

大风造成的危害主要是引发沙尘、破坏房屋、树木、农作物、草原植被以及电力通信等设施，而察隅出现大风的概率较低。从察隅县大风风险程度分布图（图 3.7）看，古玉乡与上察隅镇北部及察瓦龙乡东南小部分区域为高危险区；察隅县中东区域为中等危险区；而上察隅镇西部大部分区域都为低值区。

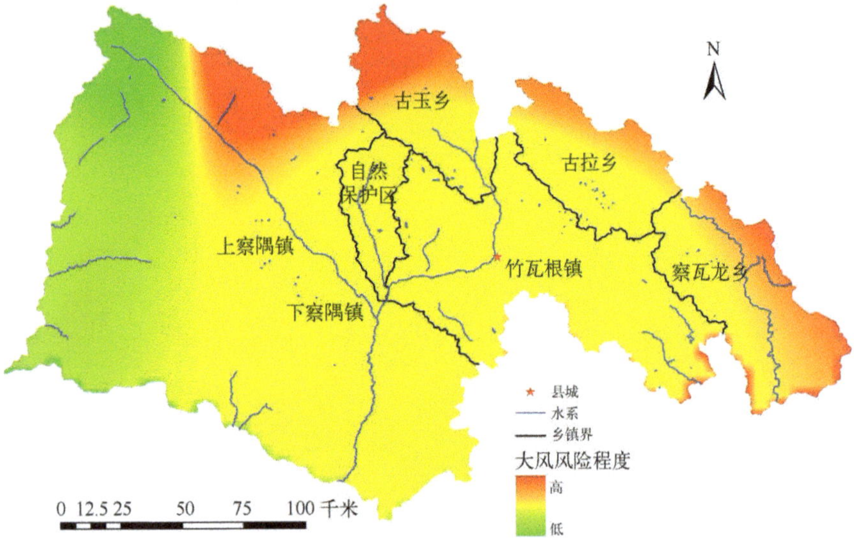


图 3.7　察隅县大风风险程度分布图

# 第 4 章　气象灾害风险区划

## 4.1　数据资料

### 4.1.1　气象资料

采用察隅县气象站 1981—2010 年的逐年强降水日数、冰雹日数、大风日数、雷暴日数、霜冻日数、积雪日数、干旱日数和洪涝日数等。

### 4.1.2　社会经济资料

从 2009 年出版的《林芝市统计年鉴》中选用以乡镇为单元的行政区域土地面积、年末总人口、耕地面积、国民生产总值(GDP)等数据。

### 4.1.3　地理信息资料

基础地理信息资料包括西藏 1∶250000 GIS(地理信息系统)数据中的数字地形模型(DEM)和水系数据。

## 4.2　气象灾害风险基本概念及其内涵

气象灾害风险性是指若干年(如 10 年、20 年、50 年、100 年等)内可能达到的灾害程度及其灾害发生的可能性。气象灾害风险为政府及相关部门防御决策提供依据,为制订气象灾害工程和非工程措施、防御方案、防御管理等提供基础性支撑,是政府制定规划和项目建设开工前需要充分评估的一项重要内容,可最大限度地减轻气象灾害可能带来的风险。

**气象灾害风险**:指各种气象灾害发生及其给人类社会造成损失的可能性。

**孕灾环境**:指气象危险性因子、承灾体所处的外部环境条件,如地形地貌、水系、植被分布等。

**致灾因子**:指导致气象灾害发生的直接因子,如干旱、冰雹、雪灾、大风等。

**承灾体**:气象灾害作用的对象,是人类活动及其所在社会中各种资源的集合。

**孕灾环境敏感性**:指受到气象灾害威胁的所在地区外部环境对灾害或损害的敏感程度。在同等强度的灾害情况下,敏感程度越高,气象灾害所造成的破坏损失越严重,气象灾害的风险也越大。

**致灾因子危险性**:指气象灾害异常程度,主要是由气象致灾因子活动规模(强度)和活动频次(概率)决定的。一般致灾因子强度越大,频次越高,气象灾害所造成的破坏损失越严重,气象灾害的风险也越大。

**承灾体易损性**:指可能受到气象灾害威胁的所有人员和财产的伤害或损失程度,如人员、牲畜、房屋、农作物等。一个地区人口和财产越集中,易损性越高,可能遭受潜在损失越大,气象灾害风险越大。

**防灾减灾能力**:受灾区对气象灾害的抵御和恢复程度,包括应急管理能力、减灾投入资源准备等。防灾减灾能力越高,可能遭受的潜在损失越小,气象灾害风险越小。

**气象灾害风险区划**:指在孕灾环境敏感性、致灾因子危险性、承灾体易损性、防灾减灾能力等因子进行定量分析评价的基础上,为了反映气象灾害风险分布的地区差异性,根据风险指数的大小,对风险区划分为若干个等级。

## 4.3 气象灾害风险区划的原则和方法

### 4.3.1 灾害风险形成机制

从灾害学的角度出发,形成气象灾害必须具有以下几个条件:

(1)存在诱发气象灾害的因素(致灾因子)及其形成气象灾害的环境(孕灾环境);

(2)气象灾害影响区有人类居住或分布有社会财产(承灾体);

(3)人们在潜在的或现实的气象灾害威胁面前,采取回避、适应或防御气象灾害的对策措施(防灾减灾能力)。

基于自然灾害风险形成理论,气象灾害风险是由致灾因子危险性、孕灾环境敏感性、承灾体易损性和防灾减灾能力四部分共同形成的(图 4.1)。

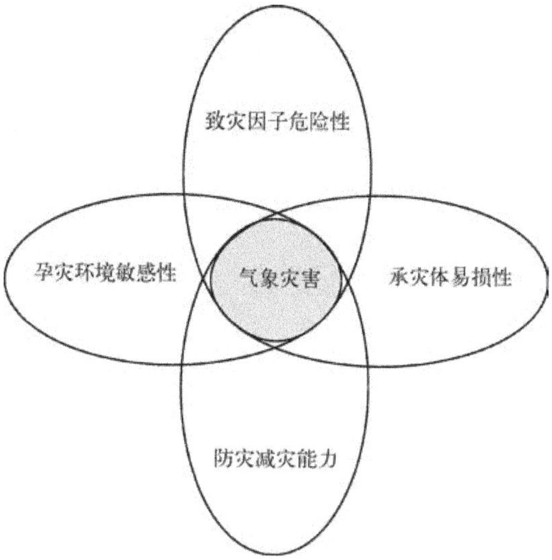


图 4.1 气象灾害风险的形成示意图

### 4.3.2 气象灾害风险评估的概念框架

气象灾害风险是致灾因子危险性、孕灾环境敏感性、承灾体易损性和防灾减灾能力综合作用的结果，气象灾害风险函数可表示为：

气象灾害风险 = $f$(孕灾环境敏感性、致灾因子危险性、承灾体易损性和防灾减灾能力)

气象灾害风险是由孕灾环境敏感性、致灾因子危险性、承灾体易损性和防灾减灾能力四个主要因子构成的，每个因子又是由若干评价指标组成。根据自然灾害风险理论和气象灾害风险的形成机制，建立气象灾害风险评估概念框架(图 4.2)。

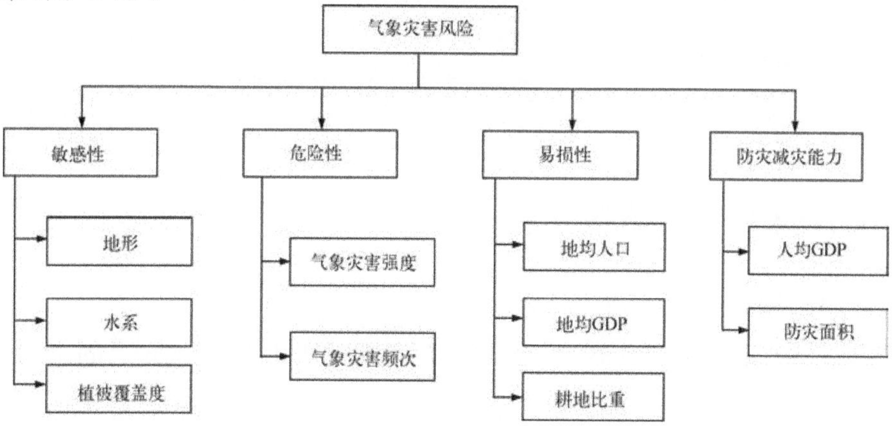


图 4.2 气象灾害风险评估概念框架

### 4.3.3 气象灾害风险区划技术流程

基于 GIS 技术气象灾害风险区划技术流程如图 4.3 所示。

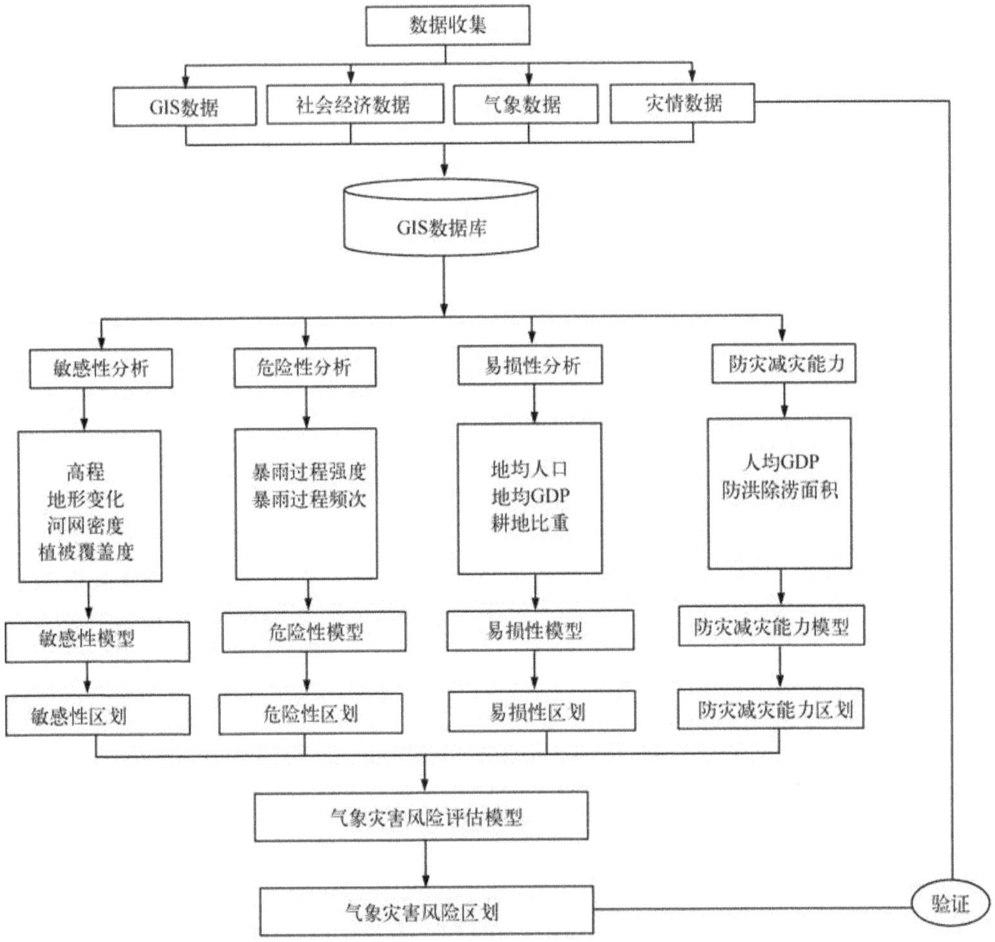


图 4.3 气象灾害风险区划技术流程图

### 4.3.4 孕灾环境敏感性区划

**(1)孕灾环境因子分析**

孕灾环境主要考虑地形、水系、植被等因子对气象灾害形成的综合影响。地形主要包括高程和地形变化;水系主要考虑河网密度和距离水体的远近;植被覆盖度指有植被的面积占土地总面积的百分比。由于植被具有强烈的水土保持功能，因此，植被覆盖度越大，表示一个地方的植被越多，气象灾害的风险越小。

**(2)孕灾环境敏感性评估**

地形：地形采用高程表示，从1∶50000 GIS数据中提取；地形变化采用高程标准差表示，对GIS中某一格点，计算其与周围8个格点的高程标准差获得，在1∶50000 GIS中采用100米×100米的网格计算地形高程标准差。表4.1作为考虑地形影响大小的参考，它是根据专家打分给出的高程和高程标准差的不同组合赋值，高程越低、高程标准差越小，影响值越大，表示越有利于形成涝灾。

表4.1 地形因子赋值表

| 地形高程/米 | 高程标准差/米 | | |
|---|---|---|---|
| | 一级(≤1) | 二级(1～10) | 三级(≥10) |
| 一级(≤1500) | 0.9 | 0.8 | 0.7 |
| 二级(1500～2500) | 0.8 | 0.7 | 0.6 |
| 三级(2500～3500) | 0.7 | 0.6 | 0.5 |
| 四级(≥3500) | 0.6 | 0.5 | 0.4 |

水系：主要包括河网密度和距离水体的远近。半径范围内河流的总长度作为中心格点的河流密度，半径大小使用系统缺省值。在1∶50000 GIS中采用100米×100米的网格计算河网密度。距离水体远近的影响则用GIS中的计算缓冲区功能实现，其中河流应按照一级河流和二级河流，湖泊水库应按照水域面积来分别考虑，可分为一级缓冲区和二级缓冲区，给予0～1之间适当的影响因子值，原则是一级河流和大型水体的一级缓冲区内赋值最大，二级河流和小型水体的二级缓冲区赋值最小，表4.2和表4.3给出了参考值。河网密度和缓冲区影响经规范化处理后，各取权重0.5，采用加权综合评价法求得水系影响指数。

将地形、水系、植被覆盖度等影响指数经规范化处理后，按照各自对当地洪涝的影响程度，分别给出相应的权重系数。采用加权综合评价法计算得到各格点孕灾环境的敏感性指数。

表 4.2 湖泊和水库缓冲区等级和宽度的划分标准表

| 水域面积/万平方千米 | 缓冲区宽度/千米 | |
|---|---|---|
| | 一级缓冲区 | 二级缓冲区 |
| 0.1～1 | 0.5 | 1 |
| 1～10 | 2 | 4 |
| 10～20 | 3 | 6 |
| >20 | 4 | 8 |

表 4.3 河流缓冲区等级和宽度的划分标准表

| 缓冲区宽度/千米 | | | |
|---|---|---|---|
| 一级河流 | | 二级河流 | |
| 一级缓冲区 | 二级缓冲区 | 一级缓冲区 | 二级缓冲区 |
| 8 | 12 | 6 | 10 |

**(3)孕灾环境敏感性区划**

利用 GIS 中自然断点分级法将孕灾环境敏感性指数按 5 个等级分区划分(高敏感区、次高敏感区、中敏感区、次低敏感区和低敏感区),并基于 GIS 绘制孕灾环境敏感性指数区划图,并进行相应评述。

### 4.3.5 致灾因子危险性区划

将乡镇的危险性指数作为察隅县的致灾因子影响度属性的属性值赋予该图,然后将该图栅格化,利用 GIS 中自然断点分级法将致灾因子危险性指数按 4 个等级分区划分(高危险区、中等危险区、次低危险区、低危险区),绘制致灾因子危险性指数区划图,并进行相应评述。

### 4.3.6 承灾体易损性区划

**(1)承灾体因子分析**

气象灾害造成的危害程度与承受灾害的载体有关,它造成的损失大小一般取决于发生地的经济、人口密集程度。根据社会经济统计数据(以县为单元的行政区域土地面积、GDP、年末总人口以及耕地面积)得到地均 GDP、地均人口(人口密度)、耕地面积比重三个易损性评价指标。

**(2)承灾体易损性评估**

由于每个承灾体在不同地区对灾害的相对重要程度不同,因此,在计算综合承灾体的易损性时,要考虑到它们的权重,根据加权综合法得到综合承灾体易损性指数。综合承灾体易损性指数计算的步骤如下:

①对每个承灾体易损性评价指标进行规范化处理;

②根据专家打分法得到每个承灾体易损性评价指标的权重;

③根据加权综合法计算综合承灾体易损性指数。

**(3)综合承灾体易损性区划**

利用GIS中自然断点分级法将综合承灾体易损性指数按4个等级分区划分(高易损性区、中等易损性区、次低易损性区、低易损性区),并基于GIS绘制综合承灾体易损性指数区划图,并进行相应评述。

### 4.3.7 防灾减灾能力区划

**(1)防灾减灾能力因子分析**

防灾减灾能力描述为应对气象灾害所造成的损害而进行的工程和非工程措施。考虑到这些措施和工程的建设必须要有当地政府的经济支持,主要考虑了人均GDP,另外,根据当地收集数据的情况,尽可能多的考虑到抗灾因素。

**(2)防灾减灾能力评估**

如果考虑到多个防灾减灾能力指标,按照各自对当地灾害的抵御和恢复程度,分别给出相应的权重系数。采用加权综合评价法计算得到综合防灾减灾能力指数。

**(3)防灾减灾能力区划**

对防灾减灾能力指数规范化后,该指数值越小,防灾减灾能力越低。利用GIS中自然断点分级法根据防灾减灾能力指数按4个等级分区划分(高防灾减灾能力区、中等防灾减灾能力区、次低防灾减灾能力、低防灾减灾能力区),并基于GIS绘制灾害防灾减灾能力区划图,并进行相应评述。

# 4.4 分灾种的气象灾害风险区划

## 4.4.1 干旱

干旱灾害风险区划主要考虑了致灾因子危险性、承灾体易损性和防灾减灾能力三种因子，在这三种影响因子的基础上进行定量分析评价。选取年干旱出现的频次作为致灾因子，承灾体易损性主要考虑人口密度、地均 GDP 和耕地面积的比例，而防灾减灾能力主要考虑了人均 GDP。

干旱的风险指数的具体计算公式为：

$$FDRI = (VH^{wh})(VS^{ws})(10 - VR)^{wr} \tag{4.1}$$

式中，$FDRI$ 为干旱灾害风险指数，用于表示风险程度，其值越大，则灾害风险程度越大；$VH$、$VS$、$VR$ 的值分别表示风险评价模型中的致灾因子的危险性、承灾体的易损性和防灾减灾能力各评价因子指数；$wh$、$ws$、$wr$ 是各评价因子的权重。

采用公式(4.1)计算各地干旱灾害风险指数，利用 GIS 中自然断点分级法将干旱风险指数按 4 个等级分区划分(高风险区、中等风险区、次低风险区、低风险区)，并基于 GIS 绘制干旱灾害风险区划图(图 4.4)。

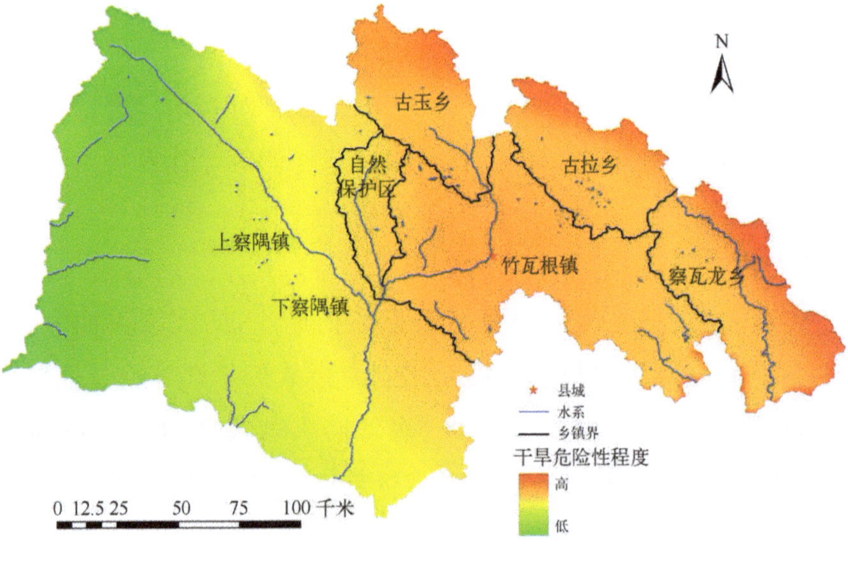


图 4.4 察隅县干旱灾害风险区划图

从图 4.4 可以看出，察隅县干旱高风险区主要位于竹瓦根镇和古玉乡大部，古拉乡、察瓦龙乡与竹瓦根镇接壤线一带；干旱中等风险区主要位于察瓦龙乡、古拉乡大部、古玉乡北部、自然保护区及上、下察隅镇与竹瓦根镇接壤线一带；干旱次低风险区主要位于上察隅镇东北部、下察隅镇南部；干旱低风险区则主要位于上、下察隅的西部。

### 4.4.2 暴雨洪涝

暴雨洪涝灾害风险区划是指在孕灾环境敏感性、致灾因子危险性、承灾体易损性、防灾减灾能力等因子进行定量分析评价的基础上，为了反映气象灾害风险分布的地区差异性，根据风险度指数的大小，对风险区划分为若干个等级。考虑到各评价因子对风险的构成所起的作用并不完全相同，将暴雨洪涝灾害风险所涉及的因子分别给以不同的权重系数，然后根据暴雨洪涝灾害风险指数公式求算暴雨洪涝灾害风险指数，具体计算公式为：

$$FDRI = (VE^{we})(VH^{wh})(VS^{ws})(10 - VR)^{wr} \tag{4.2}$$

式中，$FDRI$ 为暴雨洪涝灾害风险指数，用于表示风险程度，其值越大，则灾害风险程度越大；$VE$、$VH$、$VS$、$VR$ 的值分别表示风险评价模型中的孕灾环境的敏感性、致灾因子的危险性、承灾体的易损性和防灾减灾能力各评价因子指数；$we$、$wh$、$ws$、$wr$ 是各评价因子的权重。

采用暴雨洪涝灾害风险评估模型计算各地暴雨洪涝灾害风险指数，利用 GIS 中自然断点分级法将暴雨洪涝风险指数按 4 个等级分区划分(高风险区、中等风险区、次低风险区、低风险区)，并基于 GIS 绘制暴雨洪涝灾害风险区划图(图 4.5)。

由于察隅县大部雨量充沛，年降水量大，由图 4.5 可见，察隅县大部属于洪涝中高风险区，特别是下察隅镇洪涝风险高于其他乡镇。

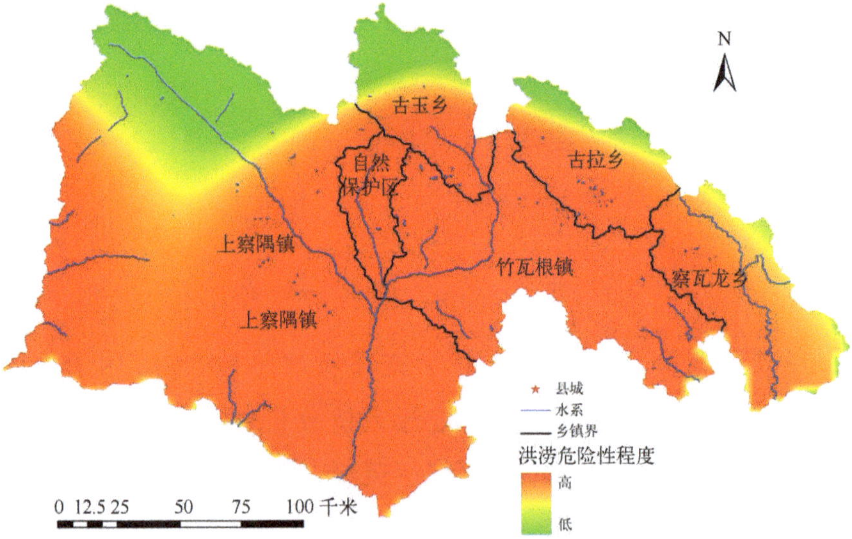


图 4.5 察隅县洪涝灾害风险区划图

### 4.4.3 霜冻

霜冻灾害风险区划主要考虑了致灾因子危险性、承灾体易损性和防灾减灾能力三种因子，在这三种影响因子的基础上进行定量分析评价。选取每年各地出现霜冻的日数作为致灾因子，承灾体易损性主要考虑人口密度、地均 GDP 和耕地面积的比例，而防灾减灾能力主要考虑了社会经济的发展。

采用公式(4.1)计算各地霜冻灾害风险指数，利用 GIS 中自然断点分级法将霜冻风险指数按 4 个等级分区划分(高风险区、中等风险区、次低风险区、低风险区)，并基于 GIS 绘制霜冻灾害风险区划图(图 4.6)。

由于近几年冬季连续出现暖冬，进入 4 月份后雨雪天气频繁，气温波动大，容易出现霜冻灾害。由图 4.6 可以看出，察隅县的察瓦龙乡、古拉乡大部、古玉乡东部、上察隅镇西北角属于霜冻中、高风险区；而霜冻次低、低风险区主要集中于竹瓦根镇、下察隅镇、上察隅镇大部、古玉乡南部及、古拉乡西南部一带。

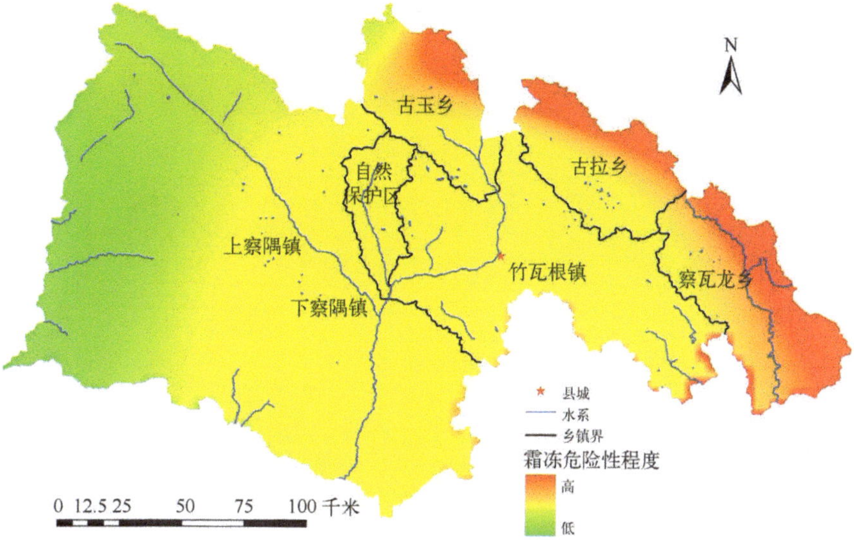


图 4.6　察隅县霜冻灾害风险区划图

## 4.4.4　雪灾

雪灾风险区划是指在孕灾环境敏感性、致灾因子危险性、承灾体易损性、防灾减灾能力等因子进行定量分析评价的基础上，为了反映气象灾害风险分布的地区差异性，根据风险度指数的大小，对风险区划分为若干等级。考虑到各评价因子对风险的构成所起作用并不完全相同，将雪灾风险所涉及的因子分别给以不同的权重系数，然后根据雪灾指数公式求算雪灾灾害风险指数，具体计算公式(4.2)。采用雪灾风险评估模型计算各地雪灾风险指数，利用 GIS 中自然断点分级法将雪灾风险指数按 4 个等级分区划分(高风险区、中等风险区、次低风险区、低风险区)，并基于 GIS 绘制雪灾风险区划图(图 4.7)。

从图 4.7 可以看出，察隅县中东部的竹瓦根镇、察瓦龙乡、古拉乡、古玉乡为雪灾高风险区；自然保护区周围为雪灾中等风险区；上、下察隅镇大部属于雪灾低或次低风险区。

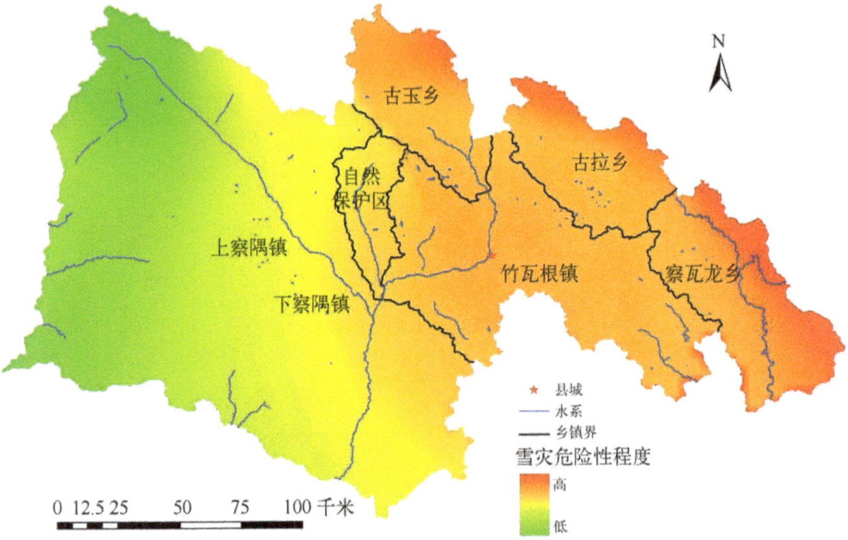


图 4.7 察隅县雪灾风险区划图

### 4.4.5 雷电

雷电灾害风险区划主要考虑致灾因子危险性、承灾体易损性和防灾减灾能力三种因子，在这三种影响因子的基础上进行定量分析评价。选取年雷电日数作为致灾因子，承灾体易损性主要考虑人口密度、地均 GDP 和耕地面积的比例，而防灾减灾能力主要考虑社会经济的发展。采用公式(4.1)计算各地雷电灾害风险指数，利用 GIS 中自然断点分级法将雷电风险指数按 4 个等级分区划分(高风险区、中等风险区、次低风险区、低风险区)，并基于 GIS 绘制雷电灾害风险区划图(图 4.8)。

由图 4.8 可知，察隅县的雷电中、高风险区位于察瓦龙乡和古拉乡的大部、古玉乡北部、上察隅镇的东北部；而竹瓦根镇、自然保护区、下察隅镇、上察隅镇大部、古拉、古玉、察瓦龙乡与竹瓦根镇的接壤一带属于雷电低、次低风险区。

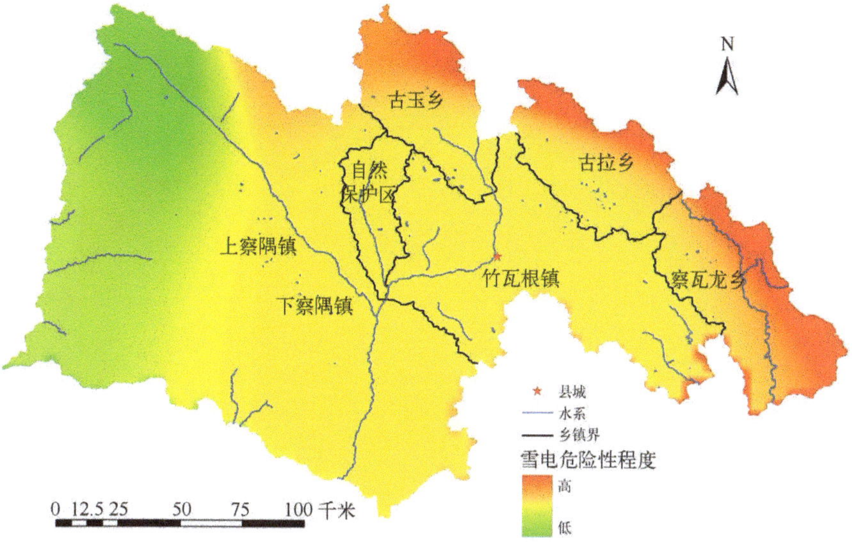


图 4.8　察隅县雷电灾害风险区划图

### 4.4.6　冰雹

冰雹灾害风险区划主要考虑了孕灾环境敏感性、致灾因子危险性、承灾体易损性、防灾减灾能力等四种因子，在这四种因子的基础上进行定量分析评价。

计算各地冰雹灾害风险指数的具体计算公式同公式(4.2)，利用GIS中自然断点分级法将冰雹风险指数按 4 个等级分区划分(高风险区、中等风险区、次低风险区、低风险区)，并基于 GIS 绘制冰雹灾害风险区划图(图 4.9)。

由图 4.9 可以看出，察隅县大部为冰雹次低风险区。其中察瓦龙、古拉乡的东南、东北角和古玉乡东北部、下察隅镇西部为冰雹中、高风险区，而其余大部为冰雹灾害低、次低风险区。

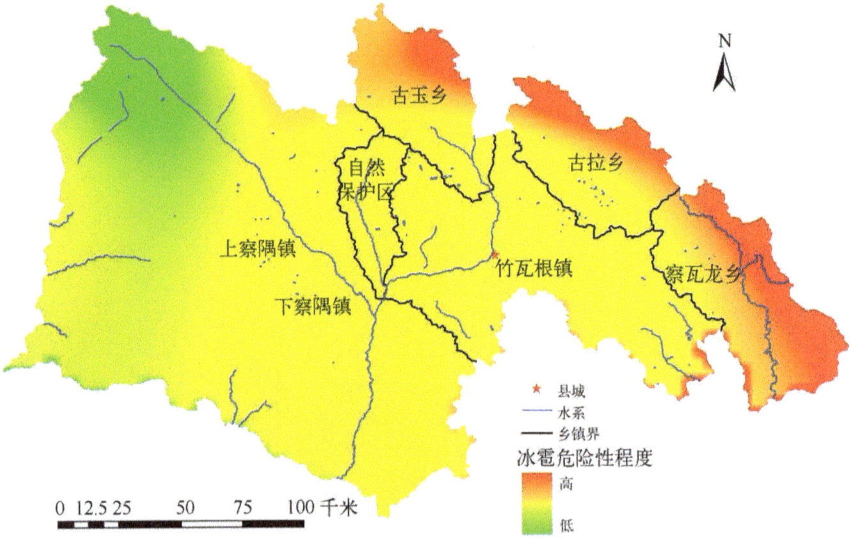


图 4.9 察隅县冰雹灾害风险区划图

### 4.4.7 大风

大风灾害风险区划主要考虑了致灾因子危险性、承灾体易损性和防灾减灾能力三种因子，在这三种影响因子的基础上进行定量分析评价。选取年大风日数作为致灾因子，承灾体易损性主要考虑人口密度、地均 GDP 和耕地面积的比例，而防灾减灾能力主要考虑人均 GDP。

采用公式(4.1)计算各地大风灾害风险指数，利用 GIS 中自然断点分级法将大风风险指数按 4 个等级分区划分(高风险区、中等风险区、次低风险区、低风险区)，并基于 GIS 绘制大风灾害风险区划图(图 4.10)。

从图 4.10 可以看出，察隅县大风高风险区主要位于古玉乡北部及上察隅镇东北部；大风中风险区主要分布在察瓦龙乡及古拉乡的东南、东北部；次低风险区较大，具体为：竹瓦根镇、自然保护区、上、下察隅镇大部及古拉、古玉乡大部；而上、下察隅的西部为大风低风险区。

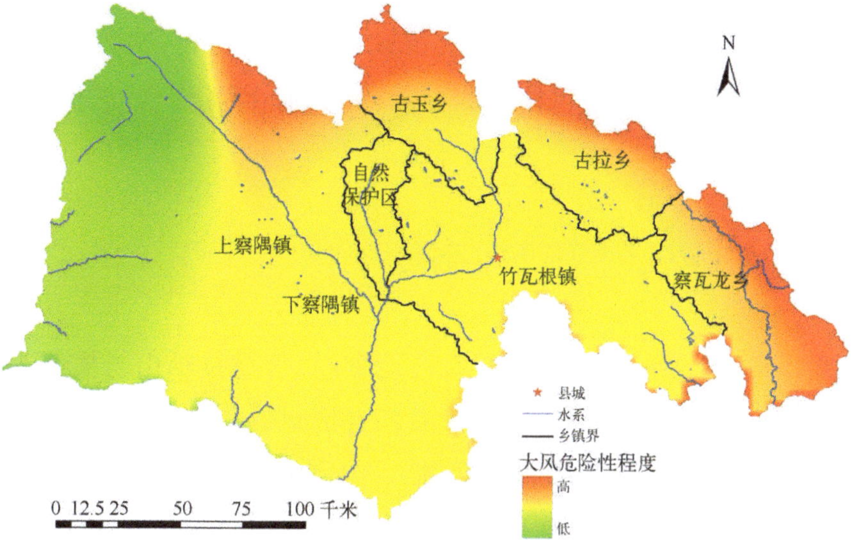


图 4.10　察隅县大风灾害风险区划图

## 4.4.8　综合风险区划

根据以上七种气象灾害对察隅造成的损失确定权值，将每种灾害赋予不同的权重系数，将每种灾害的风险指数与权值系数相乘进行叠加，再将综合风险指数进行排序，得到察隅县气象灾害综合风险区划图（图 4.11）。

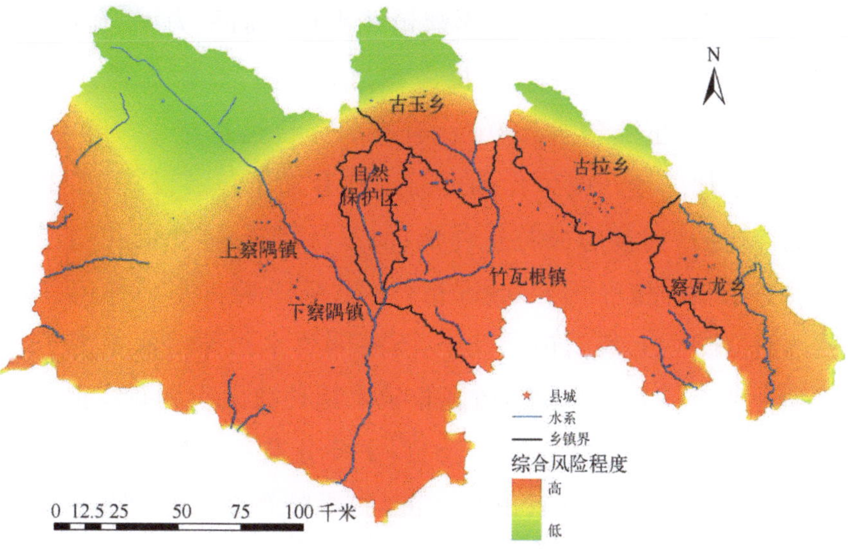


图 4.11　察隅县综合风险区划图

从察隅县气象灾害综合风险区划图可以看出，察隅县气象灾害的高风险区分布在竹瓦根镇、自然保护区、下察隅镇、察瓦龙乡、古拉、古玉乡的南部，上察隅镇大部；气象灾害中风险区面积较小，只有上察隅镇、古拉乡、古玉乡的部分区域；而上察隅镇、古拉乡、古玉乡北部为气象灾害低风险区。

## 4.5 气象灾害风险与产业布局

察隅县位于林芝市东部的伯舒拉岭地带，属喜马拉雅山与横断山过渡的藏东南高山峡谷区。东临云南省迪庆藏族自治州德钦县和昌都市左贡县，南面与缅甸和印度接壤，西与墨脱县相邻，北与昌都市相接。察隅县属亚热带湿润季风气候，温和多雨，日照时间长，冬暖夏凉。3—9 月为雨季，全年降水主要集中在 4、7、8、10 月，年平均气温 11.9℃，最冷月平均气温 4.3℃，最热月平均气温 18.8℃，极端最高气温 32.6℃，极端最低气温－5.5℃。平均年降水量 801.5 毫米，年平均无霜期达 215 天。全县总体气候条件较好，温度适宜，日照充沛，热量丰富，雨热同季，适合多种农作物生长和林果种植。主要气象灾害有洪涝、干旱、冰雹、雷电、大风、霜冻等。

察隅县农牧业特色产业以花生为主导产业，油桐为主陪产业。目前，察隅县花生种植面积为 2450 亩，年产量 400 余吨。花生种植主要分布在上察隅镇、下察隅镇、竹瓦根镇。其中，上察隅镇花生种植面积为 1200 亩，有体育等村进行花生种植；下察隅镇花生种植面积为 850 亩，有松古等村进行花生种植；竹瓦根镇花生种植面积为 400 亩，有雄久等村进行花生种植。2010 年察隅县初步具备了加工生产花生食品所需的整套加工包装设备，加工厂年加工生产能力达 50 吨。初步形成花生种植、加工、销售一体化的花生产业链发展模式。察隅县水稻种植面积为 9868 亩，产量 3760 吨。水稻种植主要分布在下察隅镇、竹瓦根镇、上察隅镇。其中，下察隅镇水稻种植面积为 7222 亩，上察隅镇水稻种植面积为 2026 亩，竹瓦根镇水稻种植面积为 620 亩。

察隅县油桐种植面积已有 4 万余亩，主要分布在下察隅镇、上察隅镇、竹瓦根镇。察隅县有辣椒种植面积 900 亩，主要分布在下察隅镇沙玛、松古等村，辣椒年产量达 13.5 万公斤。察隅县小杂粮种植面积 1200 亩，主要有荞麦、鸡爪谷、小米。察隅县城郊温室蔬菜种植项目，截至目前已建成并投入使用的温室蔬菜大棚 200 余栋，已开工建设的为 80 栋。察隅县油茶种植面积 473 亩，主要集中在下察隅镇扎巴、新村、共同等村。藏药材种植在察隅县也有一定规模的种植，目前有藏药材种植专业村 3 个，种植基地 4 个，种植面积 112 亩（其中，天麻 12 亩，藏菖蒲 100 亩）。察隅县特色养殖业主要有藏猪、藏鸡、山羊、绵羊等。

察隅县特色农牧业发展的总体布局是：上、下察隅两镇以种植业为主，大力发展花生、油桐、辣椒及油茶种植；竹瓦根镇和古玉乡公路沿边发展城郊蔬菜和特色养殖业；古拉、察瓦龙两乡以核桃种植为主发展干果产业；局部地区适当发展优质小杂粮及藏药材种植。

# 第 5 章　气象灾害防御分区

根据察隅县气象灾害风险综合区划结果，结合综合经济区划和防灾减灾能力，遵循地理环境条件基本相似、社会经济条件基本相似、气象灾害类型基本相近、气象灾害风险大小基本相同及与重大工程相对应的原则，将察隅县气象灾害分区防御划分三级，分别为重点防御区、中等防御区和一般防御区（图 5.1）。

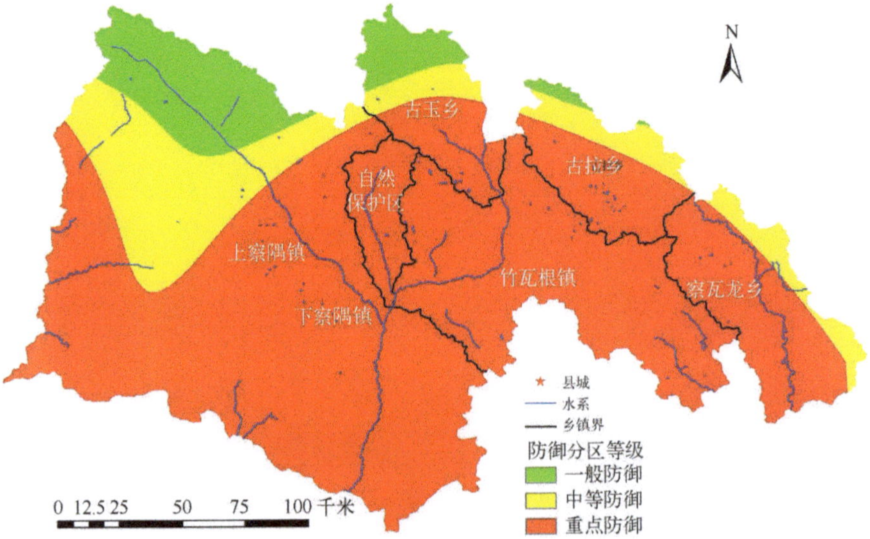


图 5.1　察隅县防御分区图

## 5.1　气象灾害重点防御区及防御方案

### 5.1.1　气象灾害重点防御区

察隅县气象灾害重点防御区包括竹瓦根镇、下察隅镇、古拉乡、察瓦龙乡、上察隅镇东部、古玉乡南部等地应重点防御干旱、洪涝、冰雹、霜冻等气象灾害，同时还要防御泥石流、病虫害、森林火灾等次生灾害。总体而言，察隅县重点防御区域的面积最大。

### 5.1.2 重点防御区防御方案

要突出区域联防、点面结合，统筹规划区域气象站网，加强区域内先进探测技术和移动观测系统的协同建设，提高对突发性气象灾害的监测能力；建立精细化预报预测业务和灾害性天气短时临近预警业务；发展气象灾害高影响行业的专项预警技术和服务；加强城镇生命线工程的抗灾能力建设，增强早期预警、提前防范的能力；开展区域气象灾害影响风险评估和气候可行性论证，合理布局重大工程建设项目；根据风险评估结果，及时调整气象灾害防御标准，加强重点战略经济区气象灾害防御基础设施能力建设，提高防御气象灾害的能力。

## 5.2 气象灾害中等防御区及防御方案

### 5.2.1 气象灾害中等防御区

察隅县气象灾害中等防御区主要是综合风险程度中值区，只有古玉乡和上察隅镇的中部和中北部、下察隅镇中部，上述区域应重点防御干旱、洪涝、霜冻、大风、冰雹、雷电等气象灾害和泥石流、森林火灾等次生灾害。

### 5.2.2 中等防御区防御方案

大力开展气象灾害风险评估，为科学编制城镇规划以及研究制定相关基础设施防御标准提供依据；加强区域气象灾害的监测预警系统建设；实现部门间、行业间的信息与资源共享以及灾害协同防御，科学防灾避灾。

## 5.3 气象灾害一般防御区及防御方案

### 5.3.1 气象灾害一般防御区

察隅县气象灾害一般防御区主要是综合风险程度低值区，此区域面积最少，只有古玉乡和上察隅镇部分地方。该区域应重点防御干旱、洪涝、冰雹及霜冻等灾害。

### 5.3.2 一般防御区防御方案

要加强气象灾害监测预警发布能力建设，提高气象灾害预警信息的覆盖面，保障气象灾害信息能够到村入户；建立灾害预警机制和应急响应预案，实现部门间信息共享；加强防灾科普宣传和农民防灾避灾技能培训，建设农村防灾科普宣传与技术培训基地；开展农业和农村基础设施防御气象灾害能力普查，修订完善农村建筑物和农业生产设施防灾标准。

# 第 6 章 气象灾害防御措施

## 6.1 非工程性措施

气象灾害防御工作实行“以人为本、政府领导、部门联动、社会参与、科学防御”的原则。县、乡(含农场,下同)人民政府应当组织、领导和协调本地区气象灾害防御工作,将气象灾害防御工作纳入本级国民经济和社会发展规划,所需经费纳入本级财政预算。气象主管机构在上级气象主管机构和本级政府领导下负责气象灾害防御工作,负责管理本行政区域内气象灾害的监测、预报、预警、评估以及雷电灾害防御、气候可行性论证和人工影响天气等工作。发展改革、财政、城乡建设、经济和信息化、国土资源、交通、农牧、林业、水利、教育、民政、规划、卫生、环保等部门应当按照各自职责分工,共同做好气象灾害防御工作。公民、法人和其他组织有义务参与气象灾害防御工作,在气象灾害发生后开展自救、互救。鼓励公民、法人、联户户长和社会组织依法参加气象灾害防御志愿气象信息员队伍活动。

### 6.1.1 防灾减灾指挥系统

**(1)突发应急系统**

察隅县防灾减灾应急办作为县政府的应急管理机构,统一协调灾害应急管理工作,应建立突发公共事件应急平台,完善应急响应工作机制,形成科学决策、统一指挥、分级管理、反应灵敏、协调有序、运转高效的气象灾害应急救援体系,提高政府应对突发公共事件的能力。应急平台包括应急日常值守、预案管理、信息共享(实现各相关部门间气象灾害信息实时快速交换网络)、应急处置、指挥调度等功能,实现智能化和数据化,确保决策的科学性。县人民政府应当编制完善施行县、乡级气象灾害应急预案、定期开展气象灾害应急演练,根据当地气象主管机构所属气象台(站)发布的气象灾害预警信息，及时启动和终止相应的应急预案。气象灾害应急预案的启动和终止，应当及时向社会公布，并向县人民政府报告。县人民政府所属各相关部门、乡（镇）人民政府、街道办事处应当根据气象灾害预警信息，及时启动和终止气象灾害防御应急预案。任何单位和个人发现气象灾情，有义务向当地人民政府和气象主管机构、民政部门报告。

**（2）防汛抗旱指挥系统**

县政府设立防汛抗旱指挥机构，办公室设在水利局，实行统一领导、分级负责，乡（镇）、村、企事业等基层单位，根据需要设立防汛抗旱办事机构，负责本行政区域或本单位的防汛抗旱和水利工程险情处置工作。出现灾情时及时向县政府领导报告，传达上级的各项指令并按指令对有关防汛抗旱工程进行调度，联络、协调各成员单位和各乡镇防汛、抗旱、抢险、救灾工作。

**（3）部门防灾减灾系统**

气象主管机构在上级气象主管机构和本级政府领导下负责气象灾害防御工作，负责管理本行政区域内气象灾害的监测、预报、预警、评估以及雷电灾害防御、气候可行性论证和人工影响天气等工作。当预警监测到可能有重大灾情发生时，应及时成立相应的气象灾害防御临时指挥部，临时指挥部办公地点设在气象局、国土局。指挥机构要迅速反应，根据灾害应急预案，及时向有关单位布置防灾减灾工作。气象局应逐步建立气象多灾种预警指挥中心，加强气象灾害防御管理，减少或避免因灾害带来的损失。

**（4）农村气象灾害防御机制建设**

建立以预防为主的气象灾害风险管理机制，积极推进县级政府编制和实施气象灾害防御规划，并纳入地方的发展规划中。深入开展农村气象灾害风险调查、区划和评估，开展对农村中小学校舍和民房设施建设的气象灾害风险评估以及雷电灾害防御等的工程性建设，提高农村防范气象灾害风险的能力。完善农村气象灾害防御体系，建立各乡镇农村气象工作站，开展乡镇、村气象协理员和信息员队伍建设，建立农村气象科普网络，实现组织机构到乡、精细预报到乡、自动观测到乡、应急预案到村、风险调查到村、科普宣传进村、预警信息发布到户、灾害防御责任到人的目标，彻底解决气象灾害预警发布的“最后一公里”问题。乡（镇）人民政府应当建立农村综合信息服务站下设的气象信息服务站，设立气象助理员、每个行政村配备 2～3

名气象信息员。气象信息服务站承担气象防灾减灾任务和气象预警信息的有效传播工作；承担农村气象科普和防灾减灾知识的宣传、咨询工作；承担气象灾情收集上报工作；承担本地自动气象站、土壤水分站、乡（镇）气象信息服务站业务平台和气象预警信息接收和播发设施的日常运行维护工作。居（村）民委员会、学校、医院、车站、建筑工地以及旅游景点等人员密集场所的管理单位应当设立气象信息员。气象信息员负责气象灾害预警信息接收和播发设施的运行维护，以及气象灾害防御知识宣传、应急联络、信息传递、灾害报告和灾情调查等工作。

### 6.1.2　灾害监测系统

建立结构合理、布局适当、功能齐备的气象灾害综合探测系统，到 2015 年气象监测实现全面自动化。建设气象设施应当符合气象设施建设规划和气象设施建设标准规范，并向当地气象主管机构备案。县人民政府与当地气象局应当在城区和乡村，根据需要配备应急移动气象灾害监测设施；在气象灾害易发区域和气象灾害重点防御区域，共建气象灾害监测站点；在农村暴雨和地质灾害易发区域，共建自动气象站；构建西藏特有的多要素、立体化、可移动气象灾害监测网络，提高实时监测能力。有针对性地提高相关气象灾害监测能力，在火害易发生点建设自动观测设备。建立多部门资料共享机制，提高气象监测信息综合获取能力。

### 6.1.3　预报预测预警系统

进一步做好灾害性、关键性、转折性重大天气的监测、预警预测，建立和完善气象灾害监测预警业务系统，加强精细化预报能力建设，实行从灾害性天气预报向气象灾害预报的转变。

提高气象灾害精细化预报警报质量，完善气象预报预警业务流程，实时发布灾害性天气和气象灾害的种类、强度、落区的警报，开展交通气象、农业气象、地质灾害气象、林业气象、水文气象、环境气象、电力气象等灾害预警和评估系统。

### 6.1.4 综合信息发布平台

完善突发气象灾害预警信息发布制度；依托气象部门的气象业务和气象信息发布系统，建立权威、畅通、有效的察隅县突发公共事件和气象灾害预警信息发布系统。在学校、医院、车站、公路、旅游景点等公共场所，以及乡(镇)、村(屯)布设气象灾害预警电子显示屏、大喇叭、手摇警报器等气象灾害预警信息接收、播发设施。县气象主管机构所属气象台(站)应当及时将气象灾害预报预警信息报告本级人民政府，通报相关部门，并根据法定职责向社会统一发布。其他组织和个人不得向社会发布气象灾害预警信息。广播、电视、报纸、网络等媒体应当及时、准确、无偿向社会刊播当地气象主管机构所属气象台(站)提供的气象灾害预警信息，电信运营商也应针对气象灾害预警信息开通绿色通道，并根据当地气象台(站)的要求及时免费发布和增播、插播或刊登。

### 6.1.5 防灾科普教育工程

充分利用各种资源，建立完善气象科普馆和气象科普展室。制作气象防灾减灾公益广告，开发气象防灾减灾宣传教育产品，编制系列防灾减灾科普读物、挂图和音像制品，编制防灾减灾宣传案例教材。利用广播电台、电视台、网络、宣传栏、电子显示屏等各种媒体，开展形式多样的气象灾害防御宣传教育活动。加强农村气象防灾减灾知识的科普宣传，通过多种形式普及农村气象防灾减灾知识，增强农牧民的防灾减灾意识和自救互救能力。加强气象灾害防御技术培训，做好基层气象协理员和信息员队伍培训工作，深入组织开展气象灾害防御示范社区(村镇)创建活动。

## 6.2 工程性措施

### 6.2.1 防汛抗旱工程

以河流险段及山洪灾害多发区为防汛抗洪重点区域，加强重点防洪工程的防汛抗洪能力建设，进一步完善城镇防洪工程建设，提高城市防洪除涝能力、完善县乡(镇)等重要堤防工程。

根据西藏自治区重点地区中小河流治理规划(2009—2020 年),建立中小河流和山区与大江大河防洪减灾体系相协调的区域防洪减灾体系为目标,以乡镇以上城镇作为重要防护对象的中小河流(或河段)开展现状特性指标及现状治理情况调查,分析灾害特性、成因,评价现状防御能力,结合区域地形条件,提出治理规划方案。加强重点地区中小河流治理,加大山洪灾害、冰湖灾害防治工作力度,完善预警、预报、调度指挥等非工程建设,提高应急反应和抢险救灾能力。

### 6.2.2 城市防洪工程

加强城镇防洪基础设施建设,完善提升县城及新城区现有防洪工程和地下水管网设施,县级所在城区段达到防御 20～30 年一遇洪水标准,重点乡镇达到防御 10 年一遇洪水标准。

疏通河道、洪道,由控制洪水转变为洪水管理,兼顾泥石流、山洪灾害的预防和工程体系的建设,加强城市河沟的综合治理,确保人民群众生命财产的安全。

### 6.2.3 人工影响天气工程

受气候变化和环境影响,近年来察隅县干旱、森林火灾、冰雹等灾害时有发生,为合理开发和利用空中水资源,改善生态环境,应加大人工影响天气工程建设投入力度,加强人工影响天气作业能力建设,提高对干旱、冰雹、森林火灾等灾害的人工影响天气应急作业水平。

### 6.2.4 防雷工程

加强雷电探测、预警预报和防雷装置建设;针对不同的建(构)筑物或场所、不同的信息系统及电子电气设备、不同的地质地理和气象环境条件,开展雷电风险评估,量身定制雷电防护方案与防雷措施;按计划推进农村防雷示范村和示范工程建设。

在雷电灾害高发区和未建立防雷设施的中小学校内建设建筑物直击雷

防护系统；在校内设有远程教育卫星接收、计算机网络等设备的电教楼中建设感应雷防护系统。

### 6.2.5 应急避险工程

各乡镇、行政村要根据当地实际，利用村落、学校、广场、公园、空旷高地等地点设立气象灾害应急避灾点，设立明确标示，规定紧急转移路线；避险场所要求地势较高、不受山洪和地质灾害影响、交通便利、防雷设施检测合格、能抵御12级以上大风和40厘米以上积雪等重大灾害性天气的袭击，医疗救治、电力供应、救灾物资有保障；在公路沿线气象灾害易发地段，设立警示标志。

### 6.2.6 信息网络工程

建立气象灾害监测资料实时传输网络；完善国家、省、地、县气象高速宽带网和气象会商系统；完善气象预警信息发布系统；完善突发公共事件应急平台和防汛抗旱指挥部信息网络工程建设。

### 6.2.7 应急保障工程

加强应急保障工程建设，完善应急保障机制；充分利用公共突发事件应急平台，实施全程监测预警，提供跟踪气象服务，为应急处置、决策服务提供科学支撑。县级区域、流域建设开发利用规划，以及工业、农业、林业、水利、交通、旅游、电力等专项规划，应当符合气象灾害防御规划的相关要求。城乡规划、重点领域或者区域发展建设规划，重大区域性经济开发、区域农(牧)业结构调整建设项目，大型太阳能、风能等气候资源开发利用建设项目，以及重大基础设施、公共工程、大型工程建设项目等与气候条件密切相关的规划和建设项目应当进行气候可行性论证。建设项目选址规划应当符合气象灾害防御的要求；申请核发选址意见书时，应当提交气象主管机构依法出具的意见书。易燃易爆物品、危险化学品等危险物品的生产、经营、储存场所，体育场馆、影剧院、大型商场、宾馆、医院、学校、车站等人员密集场所，供水、供气、供电、供热等市政公用工程，以及高层建筑、各类发射塔和观测塔、通信枢纽、计算机信息系统、广播电视设施等重点工程等新建、改建、扩建建(构)筑物建设项目应当进行雷电灾害风险评估。

## 6.3　分灾种的气象灾害防御措施

### 6.3.1　干旱防御措施

察隅县一带降水时空分布不均，干、湿季分明，一般发生冬春连旱或初夏干旱，对森林防火、农作物产量带来影响。在防御对策上主要可以采取以下措施：

（1）加强干旱监测预报。重视干旱监测预报，开展土壤墒情监测，对干旱灾害高风险区，开展干旱预测，实现旱灾的监测预警服务。

（2）重视水利工程建设。加强农田水利建设，着力发展各类投资少、见效快的小型水利工程建设。推广应用先进的喷灌、滴灌等节水灌溉技术，提高水资源利用率。

（3）适时开展人工增雨，合理开发利用空中水资源，改善生态环境，减少干旱损失。

### 6.3.2　暴雨洪涝防御措施

察隅大部属亚热带湿润、温带半湿润气候区，汛期降水高度集中，多强降水，雨水汇流速度快，河道湖泊洪水陡涨陡落，来势凶猛，灾害巨大。因而洪涝的影响集中体现在洪涝灾害伴随引发的泥石流、塌方等，造成公路、交通、电力、通信等中断。在防御对策上主要可以采取以下措施：

（1）加强气象、水文、水利部门的合作和信息交流，建立信息共享平台，加强暴雨预报预警，根据预报及时做好暴雨来临前的各项防御措施。

（2）在洪涝高风险区，应提高水利设施的防御标准，降低暴雨洪涝灾害发生的风险性；对防洪工程开展综合治理，修筑堤防，整治河道，合理采取蓄、泄、滞、分等工程措施，加强防洪应急避险；居住在山体易滑坡和低洼地带等危险区域的人群，应及时转移避让。

### 6.3.3 霜冻防御措施

由于近几年持续出现暖冬，冬季气温比较高，各种作物抗冻能力差，而春季(3—5月)强冷空气入侵，导致大范围降温，造成大面积的霜冻灾害，尤其是察隅县政治、经济、文化中心的扎木镇及周边乡镇灾情出现的概率高、灾情重。在防御对策上主要可以采取灌溉、熏烟、喷药剂等措施。

(1)应加强霜冻的预警预报能力，及时发布预警信息，提醒相关部门和公众按照防御指南做好防冻保暖措施。

(2)农业部门应根据各地经济作物种植情况，加强科学指导，积极采取科学防冻措施。牧区在低温期间，养殖棚舍应注意保暖，防止牲畜抵抗力下降而引发各类疾病。

### 6.3.4 雪灾防御措施

察隅县因海拔相对比较低，气温较高，出现大面积的雪灾概率比较低，因此，一般雪灾主要集中在高海拔区域的牧区，特别是对高海拔的道路交通影响比较大。从当年的10月至次年的4月，由于短时的强降雪，易引发雪崩、泥石流、塌方等融雪性地质灾害，造成道路交通、电力、通信中断。

在防御对策上主要可以采取的措施有加强降雪监测预警预报，落实防雪灾和防冻害应急工作，加强气象与农牧、交通、电力、通信等部门的协作和联动，开展雪灾防御工作。

### 6.3.5 雷电防御措施

(1)加强雷电监测与预警。按照“布局合理、信息共享、有效利用”的原则，规划和建设雷电监测网，提高雷电灾害预警和防御能力，及时发布、传播雷电预警信息，扩大预警信息覆盖面，提前做好预防措施。

(2)加强雷电技术服务。规范和加强防雷基础设施的建设；做好雷电风险评估、防雷装置设计技术性审查和防雷装置检测工作。

(3)加强科普教育宣传。加强雷电科普知识和防雷减灾法律法规宣传，提高群众的防雷减灾知识，增强群众自我防护和救助能力，有效减轻雷电灾害损失。

### 6.3.6 冰雹防御措施

提高冰雹监测和预报水平。开展冰雹等强对流天气预报技术研究，探索冰雹临近预报，进一步提高预报准确率。

加强人影防雹作业。通过人工影响天气减轻冰雹危害。

### 6.3.7 大风防御措施

(1)加强大风监测预报预警。气象部门应做好大风监测预报并及时向社会公众发布大风预警信息和防御指南。

(2)加强大风灾害防御。冬春多大风，应根据防御指南，及时科学地加固棚架、临时搭建物、广告牌及现代农业设施。出现大风时，停止露天集体活动，停止高空、户外作业。

### 6.3.8 地质灾害防御措施

察隅县位于孟加拉湾水汽通道的前沿，降水量充沛，多强雨雪天气，同时主要城镇、村庄、公路大多分布在江河、河谷两岸，属高山峡谷区，地质环境脆弱，因此，经常出现泥石流、塌方及融雪性地质灾害，冲毁公路、农田、村庄及水利、电力、通信设施，造成严重的经济损失。灾害点多、分布面广、突发性强、危害大，是地质灾害易发区和多发区。

地质灾害具有自然和社会的双重属性，地质灾害具有可区划性和可监测预警性。在防御对策上主要可以采取以下措施：

(1)建立地质灾害监测体系，根据地质灾害危险等级区划，对受地质灾害威胁的主要村镇干部群众进行防御地质灾害知识的培训，建立乡村群测群防体系。把高新技术、常规监测和群测群防结合在一起，发挥监测体系的整体效益。

(2)建立健全地质灾害预报预警系统，提高气象地质灾害预报预警能力和水平，也是降低地质灾害损失的重要措施之一。因此，气象部门要进一步提高天气预报准确率，加强与国土部门的合作，每年汛期开展地质灾害等级预报预警工作。

(3)随着社会经济的飞速发展，乡村公路建设、旅游景点、矿产资源的开发，这些人类活动增加了地质灾害发生的可能，在建设过程中应尽量减轻对原始森林、自然植被和山体的破坏。以《西藏林芝市察隅县地质灾害防治规划》为依据，实施以“预防为主、避让与治理”相结合的原则，对拟建工程建设项目选址进行地质灾害危险性评估。

### 6.3.9 森林火灾防御措施

引发森林火灾既有自然因素，也有人为因素，在防御措施上应长期坚持预防为主的思想。在防御对策上主要采取以下措施：

(1)加强森林火灾的监测和火险等级预报工作。察隅县原始森林密布，人烟稀少，山高谷深，通信盲区多，充分利用气象卫星监测技术，对森林火灾进行适时监测；在冬春季节林火多发期，制作森林火险等级预报；高火险期间适时开展人工增雨。

(2)加强森林防火制度，加强野外用火管理。加强森林火险监测监控，在森林防火特殊期，关注森林火险等级预报，安排工作人员 24 小时值守班；加强火源管理，严控火种进山，减少火险隐患，最大限度遏制火灾发生。县、乡二级政府对森林火灾要有强烈责任意识，建立无重大森林火灾的责任约束。每年各级政府层层签订森林防火责任状，建立县长、乡长、村长以及林业局长和林场场长负责制度。加强对进山人员的管理，在重点进山路口和重点林区增设检查站，杜绝火种入林，对野外用火加强管理，教育进入林区人员自觉做到不用火、不吸烟、不野炊，彻底消除隐患，做到防患于未然。

(3)加强森防消防宣传教育，提高全民森林防火意识。每年森林防火期在街道、路口、入山口等处书写标语口号等多种形式，对森林防火法律法规和森林防火常识，组织开展广泛宣传活动，全面提高广大群众法制意识及安全意识。

# 第7章 气象灾害防御管理

## 7.1 气象灾害防御管理组织体系

### 7.1.1 组织机构

形成统一领导、综合协调，相关部门各负其责、有效联动的应急减灾组织体系。成立察隅县气象灾害防御工作领导小组，负责气象灾害防御管理的日常工作，分管县长任总指挥长，领导小组成员应当包括气象、民政、水利、农牧、交通、国土等相关部门负责人。乡级人民政府由分管乡长负责气象灾害防御工作，行政村村长为本区域气象灾害防御责任人。各乡镇(开发区)按“五有”(有职能、有人员、有场所、有装备、有考核)标准组建气象工作站，明确分管领导，落实气象灾害防御任务。

### 7.1.2 工作机制

建立健全“政府领导、部门联动、分级负责、全民参与”的气象灾害防御工作机制。加强领导和组织协调，层层落实“责任到人、纵向到底、横向到边”的气象防灾减灾责任制。加强部门和乡镇分灾种专项气象灾害应急预案的编制和管理工作，并组织开展经常性的预案演练。健全“县、乡(镇)、村”三级信息互动网络机制，完善气象灾害应急响应的管理、组织和协调机制，提高气象灾害应急处置能力。

### 7.1.3 队伍建设

加强气象灾害防范应对专家队伍、应急救援队伍、气象信息员队伍和气象志愿者队伍建设。乡镇和有关部门应设置气象协理员职位，明确气象协理员任职条件和主要任务，在行政村(社区)设立气象信息员，在有关企事业单位、关键公共场所以及人口密集区建立气象志愿者队伍。不断优化完善协理员队伍培训和考核评价管理制度。

## 7.2 气象灾害防御制度

### 7.2.1 风险评估制度

风险评估是对面临的气象灾害威胁、防御中存在的弱点、气象灾害造成的影响以及三者综合作用而带来风险的可能性进行评估。建立城乡规划、重大工程建设的气象灾害风险评估制度。建立相应的强制性建设标准，将气象灾害风险评估纳入城乡规划和工程建设项目行政审批内容。确保在规划编制和工程立项中充分考虑气象灾害的风险性，避免和减少气象灾害的影响。气象局组织开展本辖区气象灾害风险评估，为当地政府经济社会发展布局和编制气象灾害防御方案、应急预案提供依据。风险评估的主要任务是识别和确定面临的气象灾害风险，评估风险强度和概率以及可能带来的负面影响和影响程度，确定受影响地区承受风险的能力，确定风险消减和控制的优先程度与等级，推荐降低和消减风险的相关对策。

### 7.2.2 部门联动制度

部门联动制度是全社会防灾减灾体系的重要组成部分，应加快减灾管理行政体系的完善，出台明确的部门联动相关规定与制度，提高各部门联动的执行意识和积极性。针对气象灾害、安全事故、公共卫生、社会治安等公共安全问题的划分，进一步完善政府与各部门在防灾减灾工作中的职能与责权的划分，加强对突发公共事件预警信息发布平台的应用，做到分工协作、整体提高、强化信息与资源共享、加强联动处置，以及完善防灾减灾综合管理能力。

### 7.2.3 应急准备认证制度

气象灾害应急准备认证制度，是对乡镇（开发区）、气象灾害重点防御单位、普通企事业单位、农业种养大户等的气象防灾减灾基础设施和组织体系进行评定，以此促进气象灾害应急准备工作的落实，提高气象灾害预警信息的接收、分发、应用能力和气象灾害的监测、报告、应对能力，从而确保重大气象灾害发生时，能够有效保护人民群众的生命财产安全。为有效促进和提高基层单位的气象灾害应急准备工作和主动防御能力，推动全社会防灾减灾体系建设，区人民政府颁布《西藏自治区气象灾害应急准备工作认证管理办法》，出台《西藏自治区气象灾害应急准备工作认证实施细则》，正式实施气象灾害应急准备认证制度。

### 7.2.4 目击报告制度

目前，气象设施对气象灾害的监测能力虽然有了显著增强，但仍然存在许多监测缝隙，需要建立目击报告制度，使气象部门对正在发生或已经发生的气象灾害和灾情有及时详细地了解，为进一步的监测预警打下基础，从而提高气象灾害的防御能力。各乡镇及村气象协理员、气象信息员应及时收集上报辖区内发生的灾害性天气、气象灾害、气象次生灾害及其他突发公共事件信息，并协助气象部门进行灾害调查、评估与鉴定。鼓励社会公众在第一时间向县气象局上报目击信息，对目击报告人员给予一定的奖励。

### 7.2.5 气候可行性论证制度

为避免或减轻规划建设项目实施后可能受气象灾害、气候变化的影响，依据国家《气候可行性论证管理办法》，建立气候可行性论证制度，开展规划与建设项目气候适宜性、风险性影响的评估，编制气候可行性论证报告，并将气候可行性论证报告纳入规划或建设项目可行性研究报告的审查内容。

## 7.3 气象灾害应急预案

### 7.3.1 组织方式

察隅县政府是全县气象灾害应急管理工作行政领导机构，县气象局是气象灾害防御工作领导小组应急管理办公室，同时具体负责实施气象灾害应急工作和日常工作。

### 7.3.2 应急流程

(1)预警启动级别。按气象灾害的强度,气象灾害预警启动级别分为特别重大气象灾害预警(Ⅰ级)、重大气象灾害预警(Ⅱ级)、较大气象灾害预警(Ⅲ级)、一般气象灾害预警(Ⅳ级)四个等级。气象局根据气象灾害监测、预报、预警信息及可能发生或已经发生的气象灾害情况,启动不同预警级别的应急响应,报送上级政府和相关机构,并通知气象灾害防御工作领导小组成员单位和各乡镇。

(2)应急响应机制。对于即将影响全县较大范围的气象灾害,气象灾害防御指挥机构应立即召开气象灾害应急协调会议,做出相应部署。各成员单位按照各自职责,立即启动相应等级的气象灾害应急防御、救援、保障等行动,确保气象灾害应急预案有效实施,并及时报告当地政府和灾害防御指挥机构,通报各成员单位。对于突发气象灾害,气象局直接与受灾害影响区域的单位联系,启动相应村镇、社区的应急预案。

(3)信息报告和审查。如出现气象灾害,单位和个人应立即向县气象局或气象灾害应急办报告。对收集到的气象灾害信息进行分析核查,及时提出处置建议,迅速报告指挥机构。同时,要加强联防,并通报下游地区做好防御工作。

(4)灾害先期处置。气象灾害发生后,事发地乡(镇)人民政府、有关部门和责任单位应及时、主动、有效地进行处置,控制事态,并将事件和有关先期处置情况按规定上报地方气象局和政府应急管理办公室。

(5)应急终止。气象灾害应急结束后,由气象局提出应急结束建议,报气象灾害防御工作领导小组同意批准后实施。

## 7.4 气象灾害防御科普宣传教育与培训

### 7.4.1 气象灾害防御科普宣传教育

广泛开展中小学气象科普实践教育活动,让气象科普活动常进校园。积极推进气象科普示范村创建,动员基层力量广泛开展气象科普工作。县、乡

(镇)、村要制定气象科普工作长远计划和年度实施方案,并按方案组织实施,把气象科普工作纳入经济社会发展总体规划。县、乡(镇)、部门要重视气象科普工作,县、乡(镇)、村要有科普工作分管领导,并有专人负责日常气象科普工作。科普示范村应组建由气象信息员、气象科普宣传员、气象志愿者等组成的气象科普队伍,并经常向群众宣传气象科普知识,每年结合农时季节,组织不少于两次面向村民的气象科普培训或科普宣传活动。

### 7.4.2 气象灾害防御培训

实施"百村万户"气象灾害防御培训工程,广泛开展气象灾害防御知识宣传,增强人民群众气象灾害防御能力。加强对农牧民、中小学生的防灾减灾知识和防灾技能的宣传教育,将气象灾害防御知识列入中小学教育体系。把气象信息员队伍的气象防灾减灾知识培训纳入行政学校培训体系,使培训常态化、规模化、系统化,为气象信息员队伍健康发展奠定坚实基础。定期组织气象灾害防御演练,提高公众灾害防御意识和正确使用气象信息及自救互救能力。

# 第8章　气象灾害调查评估与恢复重建

## 8.1　灾害调查与评估

### 8.1.1　气象灾害的调查

建立以县为骨干，街道社区、乡镇村庄为基础的气象灾情调查收集网络，完善县乡气象灾情直报制度，升级灾情直报系统，提高气象灾情信息收集时效。

气象灾害发生后，以民政部门为主体，以行政村为基本调查点，对气象灾害造成的损失进行全面调查，重点调查主要气象灾害种类、分布范围、危害对象、灾害损失、最大强度、发生频率、易发区和重发区位置、致灾主要因子、灾害防御薄弱环节等。对气象及相关灾害区进行分级分类，逐步在县、乡（镇）二级建立气象灾害数据库，编制农村气象灾害风险区划图。水利、农业、林业、气象、国土、建设、交通、保险等部门按照各部门职责，共同参与调查，及时提供并交换水文灾害、重大农业灾害、重大森林火灾、地质灾害、环境灾害等信息。气象部门还应当重点调查分析灾害的成因。

### 8.1.2　气象灾害的评估

建立气象灾害风险评估的指标体系，确定各种风险度的分级标准；建立各类气象灾害危险性、承灾体易损性、灾害损失程度和风险指数、风险等级的评价模式；建立气象灾害风险评估基础数据库；制订减轻气象灾害风险的对策与措施。

（1）灾前预评估。气象灾害出现之前，依据灾害风险区划和气象灾害预报，预评估气象灾害强度、影响区域、影响程度、影响行业，提出防御对策建议，为政府决策提供重要依据。

（2）灾中评估。对影响时间较长的气象灾害，如干旱、雪灾、洪涝等进行灾中评估。跟踪气象灾害的发展，快速反映灾情实况，预估灾害损失和减灾效益。开展气象灾害实地调查，及时与民政、水利、农业、林业等部门交换、核对灾情信息，并按灾情直报规程报告上级气象主管机构和地方政府。

(3)灾后评估。灾后对气象灾害成因、灾害影响以及监测预警、应急处置和减灾效益做出全面评估，编制气象灾害评估报告，为政府及时安排救灾物资、划拨救灾经费、科学规划和设计灾后重建工程等提供依据。在充分调查研究当前灾情并与历史灾情进行对比的基础上，不断修正完善气象灾害风险区划、应急预案和防御措施，更好地应用于防灾减灾工作。

## 8.2 救灾与恢复重建

### 8.2.1 救灾

建立健全应对突发气象灾害紧急救助体系和运行机制，规范紧急救助行为，提高紧急救助能力，迅速、有序、高效地实施紧急救助，最大限度地减少人民群众的生命和财产损失，维护灾区社会稳定。

建立气象灾害防御的社会响应系统，由相关部门组织实施灾民救助安置和管理工作，确保受灾群众的基本生活保障。实施综合性减灾工程，修订灾后重建工程建设设计标准，包括受灾体损毁标准和修复标准、灾害损失评估标准、重建工程质量标准与技术规范、重建工作管理规范化标准等。完善灾害保险机制，发展各种形式的气象灾害保险，扩大灾害保险领域，提高减灾社会经济效益。

### 8.2.2 恢复重建

灾后重建工作坚持“依靠群众，依靠集体，生产自救，互助互济，辅之以国家必要的救济和扶持”的方针，由传统的救灾安置型逐步转为可持续发展的战略发展型。灾害发生后，相关部门应立即对受灾情况、重建能力及可利用资源进行核查、评估，制定恢复重建方针、目标、政策、重建进度、资金支持、疾病预防和疫情监测、优惠政策和检查落实等工作方案，报上级政府批准后进行恢复重建。

# 第9章 气象灾害防御的保障措施

## 9.1 加强领导 精心组织

发改委、气象、国土、交通、水利、农牧、林业等有关部门要从全局和战略的高度，切实加强对气象灾害防御工作的领导和组织协调，建立和完善气象防灾减灾决策指挥体系，落实气象灾害应急处置责任制，做到责任到岗、到人，从制度上保证气象防灾减灾工作落到实处。各级政府要成立相应的防灾减灾机构，进一步健全防灾减灾工作协调机制，形成政府组织领导、部门协作配合、全社会共同参与防范应对气象灾害的格局。成立由各相关部门主要负责人参与的气象灾害防御指挥部。统一决策实施气象防灾减灾中的重大问题，紧紧围绕防灾减灾这个主题，把气象灾害防御培训作为一个基础工作来抓，为加强气象灾害防御组织领导，夯实思想基础和组织基础，充分认识气象灾害防御的重要性。

## 9.2 健全投入机制

稳定的经费投入是气象防灾减灾的重要保障。要紧密围绕人民群众需求和经济发展需要，切实加大对气象灾害防御的财政投入，要将气象灾害防御经费纳入到县级财政和各乡（镇）部门国民经济和社会发展计划，确保气象灾害得到及时有效的防御，积极创造条件开展气象灾害防御工作，要重视气象灾害防御领域的科学研究。各级财政要建立和完善气象灾害防御的投入机制，按分级管理的原则纳入各级财政预算管理。继续完善对口支援、交流与合作等配套机制，加大对气象灾害监测预警、信息发布、应急指挥、灾害救助及防灾减灾工程等重大项目、技术研究等方面的投入，发改委要将气象灾害防御工作纳入经济社会发展规划和计划。

## 9.3 出台各部门合作联动机制

成立合作联动组织，确保各部门、各单位之间能够进行积极有效的协商及协作。各部门应加强合作联动，建立长效合作机制，实现资源共享，特别是气象灾害监测、预警和灾情信息的实时共享，促进气象防灾减灾能力的不断提高，利用交流合作契机，丰富防灾减灾内涵。

认真落实责任制，各部门各司其职、各负其责，分解目标、明确任务、细化责任，建立减灾工作绩效评估制度、责任追究制度，确保行政领导责任制落到实处。形成政府统一领导、各部门协同配合、社会参与、功能齐全、科学高效、覆盖城乡的综合减灾体系。

## 9.4 加强气象行政管理

切实履行社会行政管理职能，依法管理涉及气象防灾减灾领域的各项活动，不断提高气象行政执法的能力。依据有关法律、行政法规，结合察隅实际，制定或修订防灾减灾工作的地方性法规和地方政府规章，将气象灾害防御纳入法制化、规范化轨道，建立完善气象灾害防御行政执法管理和监督机制，规范全社会的气象灾害防御活动。

创新管理方式，加大对气象基础设施保护和对气象探测、公共气象信息传播及地质灾害、森林火灾等防御活动监管的力度，确保气象法律法规全面落实。开展有关气象防灾减灾执法检查，对气象灾害防御工作中由于失职、渎职造成重大人员伤亡和财产损失的，要坚决依法追究有关人员的责任，做到有法可依、有法必依，不断提高气象灾害防御行政执法的能力和水平，促进防灾减灾工作深入开展。

## 9.5 提高防灾意识

要加大气象科普和防灾减灾知识宣传力度，深入普及气象防灾减灾知识。防御气象灾害是全社会的责任，要充分发挥社会力量，利用气象、教育、新闻等资源，建设气象科普教育基地，加强全社会尤其是对农牧民、中小学生的防灾减灾科学知识和技能的宣传教育，做好气象防灾避险知识进学校、社区、农牧区、企业。将气象灾害防御知识教育纳入国民教育体系，提高全社会气象防灾减灾意识和公众自救互救能力，最大限度地避免或减轻气象灾害造成的影响。

# 参考文献

林芝市气象局. 1993. 西藏林芝地区农业气候资源分析及区划[M]. 北京:气象出版社.

林芝市气象局. 2007. 林芝气象与防灾减灾[M]. 北京:气象出版社.

林芝市气象局. 2014. 西藏林芝地区气象志[M]. 成都:四川科学技术出版社.

## 附录：

# 察隅县气象灾害纪实

## 1 洪涝

洪涝灾害是水灾和涝灾的总称。水灾是指江河泛滥、淹没农田造成的灾害；涝灾是指长期阴雨而产生大量的积水，淹没低洼的土地造成的灾害。由于水灾和涝灾往往同时发生，很难区分，所以统称为洪涝灾害。洪涝灾害具有很大的破坏性和普遍性。但是，洪涝仍具有可防御性。察隅县常年受印度洋暖湿气流的影响，水汽充沛，每年 3 月开始进入雨季，持续到 10 月雨季才结束。雨季期间降水集中，降水量占全年的 80%以上，洪涝灾害发生频繁。

2000 年 4 月初，察隅县境内由于连降大雨（雪），造成水稻烂种；下察隅镇油菜受灾面积 198 亩，其中水灾 8 亩；小麦受灾 84 亩，其中水灾 9 亩；青稞受灾 60 亩，其中水灾 10 亩；水稻烂种 1280 千克，其中杂交稻种 490 千克，当地常规稻种 790 千克；竹瓦根镇 153.5 亩农作物遭雪害，其中青稞受灾 55 亩，小麦受灾 65 亩，油菜受灾 16 亩，水稻烂秧 17.5 亩。

2000 年 4 月 9—11 日，下察隅乡 2000 多亩油菜被淹没，植株被烂在地里。

2000 年 6 月下旬至 7 月初，古玉乡措珠水渠被洪水冲毁 45 米长，不仅影响附近 34 户村民人畜饮水，而且致使措珠电站停运，161 户村民不能通电照明，竹瓦根乡龙古水渠被毁 150 米长。

2002 年 7 月，察隅县受灾总面积 1404 亩，造成直接经济损失约为 35 万元，其中古拉乡扎兴村冲毁待收小麦 29 亩；竹瓦根镇龙古、桑久 360 亩冬小麦严重倒伏，无法收割，绝大多数小麦籽粒发芽、霉烂（其中 310 亩颗粒无收）；下察隅镇 615 亩的农作物遭受病虫灾害；察瓦龙乡涝灾 400 亩，察瓦龙乡 33 亩农田被冲，两户农民的住房被毁。

2009 年 9 月 14 日，察隅县境内出现连续降雨天气，导致该县上察隅镇河水水位普遍上涨，多处发生泥石流，造成多条道路中断，桥面被淹，米古电站压力前池堵塞供电中断。截至 21 日 14 时，上察隅镇西巴村发生泥石流 5 处，共冲毁道路 1150 米；仕中村通往下察隅镇道路两处长约 60 米路基损毁严重；河水水位上涨，长 80 米的仕中村斜拉桥桥面淹没，无法通行，造成上察隅镇 57 户群众 210 余人出行困难。上察隅镇：米古电厂压力前池因泥沙堵塞，供电于 9 月 18 日中断。下察隅镇：塔林大桥桥头垮塌路基 3 米，严重影响到桥体的稳固性，车辆无法通行；县城通往下察隅方向 23 班处路基塌方 110 米，无法通行。下察隅镇京都村村道多处塌方，勉强通行摩托车；农嘎电站取水口被泥沙堵塞，电力于 9 月 18 日中断；连续降雨，严重影响了水稻收割，少量出现发芽现象；县城至下察隅镇方向 201 K 处发生山体滑坡，车辆无法通行，苗圃再次发生泥石流，道路中断。

2010 年 4 月 9 日，察隅县扎巴村水渠靠近取水口附近一处渠段发生垮塌，长 15 米，高 6 米。

2010 年 4 月 23—25 日，连续 3 天出现了大到暴雨天气，致使察隅县出现了停水、停电、通信和道路中断等灾情。具体的灾情如下：

(1)22 日夜间开始全县停水。

(2)23 日 01—03 时，县城对面嘎巴村后山出现三处泥石流，冲毁部分农田，没有人员伤亡。

(3)24 日 07 时，察隅县察瓦龙乡扎朗电站厂房处发生大面积山体垮塌，厂房整体砸毁，部分机电设备损伤，电站引水渠多处被砸毁，造成全县停电。

(4)23 日开始县城至养护段、县城至下察隅道路中断。

(5)23 日 09 时 30 分以后，全县通信中断(电信、移动)。

(6)24 日夜间开始，县城唯一的卫星电话中断。此次强降水已造成察隅县从 4 月 24 日 10 时左右通信中断。

2011 年 7 月 21 日下午，察隅县上察隅镇山涧水徒涨，水势较大导致该镇迟巴村古巴组水渠严重受损，取消口处水渠堵塞 80 米，渠底冲毁 123 米，水渠冲劲 14 米，一处挡墙受损，造成经济损失约 1.5 万元。

2012 年 6 月 24 日，察隅县上察隅镇及下察隅镇发生特大山洪，灾情如下：

(1)上察隅镇米古村发生特大山洪，导致米古电站取水口堵塞，造成米古电站断电 3 天；另米古村至毕达村 10 kV 线路段多处发生山洪泥石流，造成 11 根电杆受损(其中 5 根电杆报废)，750 米输电线路受损(其中 300 米输电线路报废)，此次灾情造成直接经济损失约 2.3 万元。

(2)下察隅镇上察隅镇沙玛电站引水沟发生特大山洪，导致引水渠受损严重，供电中止，此次山洪共造成沙玛电站近 70 米引水渠基础被冲毁，致使引水渠处于悬空状态(其中 38 米引水渠基础严重受损，损毁基础 76 立方米，其余 32 米损毁基础约 70 立方米)。此次灾害概估损失约 30 万元。

2012 年 6 月 25 日，上察隅镇巩布村一座 80 米吊桥被水冲毁，约 30 米道路被淹。

2012 年 6 月 26 日，由于近日持续降雨，导致上察隅镇受灾严重，灾情如下：

(1)上察隅镇体育村农田灌溉引水渠道冲毁 50 米；

(2)上察隅镇巩固村竹巴组吊桥冲毁约 80 米长；

(3)上察隅镇巩固村宗巴组 7 户 31 人的农田被淹没 28 亩；

(4)上察隅镇目宗村至本堆村发生山体滑坡大约 20 处；

(5)上察隅镇本堆村路基被淹没，积水高 1.2 米左右；

(6)上察隅镇本堆村至毕达村两座钢桥间路基被冲毁 4 处长约 200 米；

(7)上察隅镇毕达村 4 根水泥电杆被冲毁；

(8)上察隅镇毕达村至荣玉村路基被冲毁 200 米左右；

(9)上察隅镇荣玉村至西巴村地基及 5～6 处挡墙被冲毁；

(10)上察隅镇荣玉村水渠冲毁长约 30 米，饮水管道堵塞导致饮水不正常；

(11)上察隅镇西巴村至六连钢桥之间路基被冲毁 2 处约 20 米；

(12)上察隅镇松林村 2 户 11 人的农田被淹没 32 亩；

(13)上察隅镇饮水管道堵塞导致镇政府驻地饮水不正常。

2012 年 7 月 23 日，降雨造成察瓦龙乡明期公路路面淤泥水深 0.8 米。

## 2 干旱

干旱是农、牧业生产过程中，因雨水不足，而出现严重缺水，导致作物生长不良而减产或凋萎枯死，草场牧草返青迟、生长差或枯黄，并影响牲畜膘情。察隅县干旱灾害从时间来分可分为初夏干旱和盛夏干旱。初夏正值春播作物出苗、分蘖、拔节期，冬作物拔节、开花需水量大，出现干旱对作物前期生长有很大影响。盛夏干旱一般指雨季开始后，正值农作物抽穗、灌浆期，是需水关键期，出现干旱会造成严重减产。

2009 年 3—5 月，察隅县察瓦龙、贡卡村因酷热、干旱、少雨等原因造成一条饮水灌溉小溪干枯，农田干旱，使群众 5 月初播种的玉米未能发芽。经济损失约为 37 万元。

2009 年 6 月，全区大部无明显降水天气，降水持续偏少，气温偏高，西部和东部部分农区出现了不同程度的旱情，具体灾情如下：

(1)察隅县主要旱灾集中在察隅农场，550 亩各类农作物无法正常出苗，其中玉米 300 亩，花生 150 亩，瓜果蔬菜类 100 亩，直接经济损失 20 万元。

(2)此次灾害造成察隅农作物青稞、小麦、油菜 1650.76 亩受灾(990 亩绝收)。

## 3 病虫害

病虫害是由于天气异常造成的危害农业生产的重要自然灾害，使作物生长和发育受到抑制或损坏，造成产量减少。由于境内海拔较低，气候温暖湿润，利于很多作物生长，容易发生病虫害。且由于近年来气候变化，察隅县接连出现暖冬天气，病虫害越冬基数大增，使其发生频率大增。

2000 年，下察隅镇油菜受虫灾面积 145 亩；小麦受虫灾面积 48 亩；青稞受虫灾面积 28 亩。

2002 年，下察隅镇 615 亩的农作物遭受病虫灾害。

2005 年，察隅县 1000 亩农作物发生病虫灾害。

2013 年，察隅县察瓦龙乡 56 亩核桃枯萎病；察隅县县城后山 1500 亩松褐天牛;下察隅镇 200 亩苹果蠹蛾、67 亩木瓜圆介壳虫、156 亩柑橘锈蜘蛛。

# 4 森林火灾

森林火灾是一种突发性强、破坏性大、处置救助较为困难的自然灾害,它不仅能使大片的林木在瞬间化为灰烬,而且也会造成森林中的大量野生动物、植物和微生物死亡,严重破坏自然界的生态平衡。察隅县由于境内森林覆盖率高,植被分布广,冬春季节气候干燥,相对湿度小,日照时数较高,使得林下或林木内含水量减少,一旦遇到火源便引发森林火灾,造成森林资源的严重破坏。发生森林火灾的频率极高,几乎是十年九灾。每年的 12 月至翌年 2 月,是森林火灾的多发期。

2001 年 1 月 2—9 日,下察隅镇 23 班附近发生森林火灾,过火面积 15000 亩,受灾面积 2000 亩,出动车辆 35 台次,人数 2000 人次,直接经济损失 186 万元。

2001 年 1 月 17—20 日,下察隅镇拉丁村附近发生森林火灾,过火面积 2000 亩,受灾面积 180 亩,出动人数 1600 人次,车辆 15 台次,直接经济损失 10.8 万元,间接经济损失 2.5 万元。

2002 年 2 月 9—17 日,下察隅藏色桥附近发生特大森林火灾,过火面积 1667 公顷,森林受害面积 63 公顷,出动车辆 150 台次,人数 2500 人次,直接经济损失 95 万元,间接经济损失 145 万元。

2003 年 3 月 28 日,上察隅比巴存村附近发生森林火警,过火面积 320 亩,受灾面积 13 亩,出动人数 2300 人次,车辆 54 台次,直接经济损失 1.3 万元,间接经济损失 2.5 万元。

2003 年 12 月 2 日,竹瓦根镇巴嘎村巴普沟发生森林火警,过火面积 50 亩,受灾面积 8 亩,直接经济损失 2.15 万元,间接经济损失 1.84 万元。

2004 年 2 月 14 日,上察隅镇体玉村热吉拉发生森林火警,过火面积 20 亩,受灾面积 0.8 亩,出动人数 350 人次,车辆 5 台次,直接经济损失 0.21 万元,间接经济损失 0.635 万元。

2005 年 7 月 6 日,县养护段后山发生森林火警,过火面积 600 亩,受灾面积 12 亩,出动 1000 余人次,车辆 40 台次,直接经济损失 7.6 万元。

2005年12月26日，下察隅镇嘎腰沟发生森林火灾，出动2000余人次，车辆23台次，直接经济损失7万元，间接经济损失12.5万元。

2006年7月7日察隅县养护段山上发生了森林火灾。

2006年7月20日察隅县城5千米附近发生了森林火灾。

2007年2月1日察隅县上察隅镇发生了一起森林火灾，2月4日扑灭，过火面积480亩，受灾面积4亩，损失1万元。

2007年2月11日察隅县县城发生了一起森林火灾，2月13日扑灭，2月4日扑灭，过火面积11亩，灾面积2亩，损失1.1万元。

2007年2月24日察隅县县城发生了一起森林火灾，2月28日扑灭，过火面积51亩，受灾面积11亩。

2008年12月12日15时40分，下察隅塔玛村路口，即离藏色桥600米的巴吉山发生火灾，起火原因是两小孩玩火引起，过火面积100亩左右。

2009年11月25日17时左右，距离察隅县气象站东侧约2000米的后山林区发生森林火灾，由于受有利的气象条件影响，林火迅速蔓延。

2009年11月25日16时50分，察隅县县城电厂取水口处发生一起森林火警，过火面积约10亩，无人员伤亡。

2010年3月21日中午，察隅县东北方向，距离县镇4千米处发生一起森林火警。

2010年12月1日17时30分察隅县竹瓦根镇雄久村，然察公路19道班至下察隅20千米处发生火灾，过火面积为6亩。

2011年11月8日14—15时，察隅县东南方向，然察公路段(K160)空挡村附近，离县城约15千米处引发森林火灾。此次火灾过火面积约150亩，受害面积约12亩，直接经济损失约3.7万元，间接经济损失约12万元，无人员伤亡。

2012年12月7日，察隅县古玉乡、察瓦龙出现森林火情。

## 5　霜冻

霜冻是指农作物生长发育期间，由于受较强冷空气影响，使气温或地面温度降至0℃及以下，使农作物幼苗或尚未成熟的庄稼受到冻害减产的一种灾害性天气。霜冻有白霜和黑霜，即当气温或地面温度降至0℃及以下时，农作物、草及物体上有水汽凝结的白色结晶体者为白霜，无白色结晶的为黑霜。霜冻按出现先后分为初霜冻和终霜冻。察隅县年平均无霜期日数有215天，初霜冻出现日期过早，将使未成熟秋季作物大面积减产；终霜冻出现日期若延迟，则会影响春播作物收成。海拔较高的山区，初霜冻危害较大。近几年察隅受全球气候变化的影响，冬春季节气温偏高，暖冬现象出现次数较多。春季气温回升快使作物生长前期抵抗低温的能力减弱，作物返青和开花期提前，使得受灾影响和面积都比较大。

典型的霜冻年有1995年、2000年和2004年。其中2000年，上察隅镇油菜遭霜冻70亩绝收。

## 6 冰雹

冰雹是一种短时强烈的天气现象，虽然它的发生、发展及危害过程只有短短的数分钟，但由于它是一种固体降水，在降落到地面时有较大的重力，加之在降雹的同时往往伴随着狂风暴雨，因此，它对农作物有很强的破坏作用，可砸坏秧苗和农作物，严重的会造成减产或绝收。雹灾是影响农业生产较为严重的灾害之一。察隅境内冰雹出现的概率较小，出现时一般是在温暖的春夏季节。

1999年5月17日，察隅县朱拉乡白拉村、流色郎村发生雹灾，冰雹持续时间达70分钟，致使农作物及果树遭到不同程度的危害，受灾户60户，292人，农作物受灾面积345.5亩，其中受灾严重的青稞182亩，冬小麦93亩，减产2730千克和1395千克，受灾较重的油菜20.4亩，减产927千克，受灾较轻的青稞50亩，减产750千克，总计粮、油分别减产9750亩和922.5千克。

## 7 雪灾

雪灾是因强降雪或长时间降雪造成积雪成灾的自然现象，又称白灾。雪灾的主要危害：严重影响甚至破坏交通、通信、输电线路等生命线工程，对牧民的生命安全和生活造成威胁，引起牲畜死亡，导致畜牧业减产。察隅一般冬春季节受孟加拉湾暖湿气流和强冷空气南下共同影响，就可形成强降雪或连续性的降雪天气，加之高海拔地区气温不利于积雪的融化，容易发生雪灾。

2000 年 4 月初，察隅出现了连续大雨(雪)天气，导致察隅个别乡镇造成了不同程度的灾害，灾情如下：察隅县竹瓦根镇 153.5 亩农作物遭雪灾，其中青稞受灾 55 亩，小麦受灾 65 亩，油菜受灾 16 亩，水稻烂秧 17.5 亩；竹瓦根镇日东和嘎达村，牲畜死亡 472 头(匹、只)，其中因雪灾死亡 290 头(匹、只)，被狼咬死 182 头(匹、只)；察瓦龙乡因遭受雪灾致使 698 头(匹、只)牲畜死亡；古拉乡因雪灾冻死、饿死牲畜 50 头(匹、只)。

2004 年 3 月 28—29 日，察隅出现了连续强降水天气，造成全县 3434 亩农作物受灾，其中受影响的春播作物 1200 亩、青稞受灾 480 亩、冬小麦受灾 1320 亩、油菜受灾 210 亩、冲毁农田 30 亩、受冻害作物 50 亩、稻田烂秧 144 亩。雪灾造成全县 14320 头(匹、只)牲畜不能正常放牧，牲畜饲草料供应不上，致使 376 头牲畜受冻受饿而死亡。农田水利设施遭到严重破坏，冲毁水渠达 3660 米、冲毁公路 750 米，因雪灾造成农牧民房屋毁坏，电线杆倒塌，导致上察隅镇竹巴村一名孤寡老人外出遭电击身亡。

2005 年 2 月 13—19 日，察隅县出现连续的雨雪天气，致使下察隅镇、竹瓦根镇、古玉乡、上察隅镇、察瓦龙乡、察隅农场受灾，灾情如下：

(1)下察隅镇积雪厚度达 45 厘米，导致该镇个体户菜农蔬菜大棚被压垮，村庄交通、电力、通信中断，部分群众住房被压坏，牲畜被冻死，农作物受损严重，大雪压垮蔬菜大棚 36 个(涉及 8 户 27 人)，19 户的住房成为危房。雪灾共有 46 头牛被冻死、饿死，3 户群众住房被压塌，畜圈被压垮 17 个，粮食仓库被压垮 19 个，35 亩油菜绝收，46 亩油菜严重受损，11 亩生姜全部烂秧，围墙倒塌 80 米，竹子压断 1340 根，压毁、冲毁水渠 7 条共 450 米。

(2)竹瓦根镇日东片区最低海拔处积雪深度为 1.2 米，截至 2 月 23 日该片区 6 村 113 户 711 人受灾，牲畜死亡数达 914(头、匹、只)。

(3)古玉乡雪崩摧毁了该乡玉和村达达组罗央家的粮食仓库，庭院也被积雪淹没，猪圈被毁。

(4)上察隅镇由于积雪导致交通、电信、电力中断，该镇倒塌木头电杆 260 根，水泥电杆 4 根，水渠冲垮 8 米。体育村变压器被毁一台，高压线被压断 500 米，压垮蔬菜大棚 9 个。古拉乡 15 千米左右的骡马驿道被毁坏。

(5)察瓦龙乡扎哈目空村冬季农作物受灾面积达 80 亩，果达村水渠垮塌 1000 米，阿丙村水渠垮塌 450 米。贡察公路段云南边境至察隅县察瓦龙乡龙普村 15 千米 12 处出现塌方和泥石流现象。

(6)察隅农场平地积雪达 1.2 米，4 户职工猪圈被大雪压塌，压死、压伤肥猪 12 头。已挂果的枇杷树 3 亩 150 株，损失已挂果的柑橘树 100 亩，新栽 200 亩幼苗被压坏冻死，人畜饮水渠冲毁 2 处约 400 米，砖木结构大礼堂被压塌 500 平方米，砖木结构粮食仓库被压塌 300 平方米，农噶电站高压线被损 10 处，电杆被压断 50 根，其中水泥电杆 25 根，木电杆 25 根，跨河高压线 3000 米被压断后掉入塔林河中。

2005 年 2 月 13—19 日的雪灾造成竹瓦根镇、古玉乡、上察隅镇、下察隅镇、察瓦龙乡、察隅农场经济损失总计约 800 万元。

2007 年 5 月 13—16 日，察隅县古玉乡连降大雪，大雪引发该乡多处地段发生雪崩、泥石流等灾情，农田、道路及水利设施受到了不同程度毁坏。截至 5 月 18 日 10 时 30 分，该乡 20 亩农田被淹，500 米水渠被冲毁，1000 米村道路面塌方，路基遭冲毁；该乡古井电站电杆 10 余处倒塌，高压线损坏，自 5 月 14 日全乡处于无电状态。另外，古玉乡次龙片区因降水过大，造成次龙电站 20 余根水泥电杆倒塌断裂，1 个变压器被毁坏，100 米村道遭泥石流冲毁。

2007 年 5 月 16 日 16 时左右，察隅县四道班驻地 K34＋600 米处发生雪崩，造成四道班靠山体处道班房被掩盖，房屋严重变形。雪崩中，附近挖虫草的 3 名群众被雪掩埋，经道班工人全力抢救，将 2 人救出，1 人死亡。

2007 年 5 月 10—17 日，由于察隅县古拉乡连续降雨雪，全乡多处发生风灾、雪灾，引发泥石流、塌方等地质灾害，造成全乡庄稼、经济林木、牲畜、房屋受损，水渠、骡马驿道及各类基础设施遭到严重破坏。据统计，该乡 5 幢房屋受损，占地面积 680 平方米，均无法居住；12 条骡马驿道被毁，共计 8632 余米；13 条水渠塌方，全长 5300 米；死亡大小牲畜 28 头、匹(其中牛 26 头、马 2 匹)；受灾经济林木 577 棵(其中核桃树 510 棵、苹果树 56 棵、花椒树 9 棵、石榴树 2 棵)，牲畜食用柳树 121 棵；庄稼受灾共计 1658.75 亩(其中小麦 1120.42 亩、青稞 538.32 亩)，受灾庄稼绝收。

2007 年 5 月 21 日，古拉乡因泥石流塌方水渠 2 条，全长 1400 米；死亡牲畜 64 头(其中马 2 匹、羊 62 只)；冲毁人畜饮水管道 1 条 600 米；冲毁骡马道 1

条计 300 米；经济林木垮塌 458 棵。

2007 年 6 月 16 日 10 时，然察公路 K154＋600 米处发生泥石流，冲毁水泥桥一座，洪水冲刷形成 35 米宽河沟，由于水大，不能进行及时抢修，察隅县对外交通中断。

2008 年 1 月 19 日，察隅县竹瓦根镇东片区遭受雪灾，大雪之后持续的低温天气致使冻死牲畜增加，日东片区吉太村新增牲畜 36 头（牛 5 头、马 1 匹、羊 3 只），边贸站的 2 间房屋塌陷，未出现缺粮和人员伤亡情况。据不完全统计，雪灾已造成日东片区 1 户房屋倒塌、12 户房屋塌陷、262 头牲畜死亡、449 头牲畜失踪。

2008 年 2 月 1 日，察隅县部分民房、道路和水渠受灾情况如下：

（1）民房方面：察隅县古拉乡则巴村次仁群错房子因雪灾导致房顶塌陷。古拉乡关龙村扎西伦珠 2007 年新建木制铁皮结构房屋因风灾导致该户 40 张铁皮被吹开，130 张木板、7 根横梁严重受损（无人员和牲畜伤亡）。察瓦龙乡扎哈目村郑洛一户二楼约 6 米的墙体倒塌（无人员和牲畜伤亡）。

（2）交通方面：贡察公路察瓦龙段 70 余处受到不同程度的损坏，其中路基塌陷 14 处，约 60 米；山体滑坡 68 处。古拉公路受雨雪影响乡政府至南学段出现泥石流 20 余处，雪崩 5 处，塌方 30 余处，该段交通已中断。

2008 年 10 月 25—28 日 08 时，察隅县持续降雨，导致部分乡镇受灾，具体灾情如下：古玉乡政府附近 2 根电杆倒在路中，造成该路段暂时被堵，乡政府暂时断电；上察隅镇贡固村宗巴组和上察隅镇松林村发生泥 2 处石流，冲毁农田达数十亩，无人员伤亡；此次雨雪灾害已造成公路损毁里程约 210 米；积雪不能通行的公路里程达 98 千米；骡马驿道被毁约 8 千米；多处发生泥石流，农田冲毁面积达数十亩，水渠损毁达 60 米；2 根电线杆被毁。

2008 年 10 月 26 日至 11 月 3 日，察隅县持续降水，导致 135 根电杆受损，部分输电线路被毁，折合经济损失 12 万元；162.5 千米受损，包括骡马驿道、村道，折合经济损失 203.7 万元；364.3 亩农田被毁，折合经济损失 291.5 万元；127.58 米水渠被毁，8 台小型水利发电机冲走；51 间房屋受损，其中 16 间倒塌，折合经济损失 115 万元；109 头牲畜死亡，154 头失踪，折合经济损失 78.9 万元。全县经济损失总计 725.04 万元。

2010 年进入 4 月以来，察隅县内雨雪天气频繁，导致部分乡镇出现雨雪灾害。其中竹瓦根镇日东片区连续降雪达 16 天，积雪厚度达到 1 米多深，导致该片区 6 个村(知美村、日东村)175 户 916 人不同程度受灾。据调查统计，竹瓦根镇日东片区嘎达村、曲瓦村、目若村、吉太村四个村部分五保低保群众已出现缺粮(察隅县日东片区的物资储备库修建在日东村，储备救灾物资 10 吨，连日的大雪已导致各村前往日东的道路阻断，救灾物资无法运往其他受灾村庄)，累计缺粮人数达 20 户 103 人(其中吉太村 5 户 29 人，嘎达村 2 户 15 人，曲瓦村 6 户 26 人，目若村 7 户 33 人)。同时还发生牲畜棚倒塌和牲畜失踪、冻死现象，牲畜棚倒塌 22 个，牲畜失踪 174 头、冻死 63 头、病死 4 头。

2010 年 5 月以来受强降雨(雪)天气影响，察隅县 6 个乡镇均遭受严重灾害，造成重大损失，其中竹瓦根镇、下察隅镇、上察隅镇 3 个乡镇灾情尤为严重。此次灾情经济损失约 2.04 亿元，受灾户数 2132 户、受灾人数 10688 人，占全县农牧区总人口的 44.9%，紧急转移安置受灾害威胁群众 173 户，死亡 3 人(不包括部队 2 名牺牲人员)，失踪 1 人。具体灾情为：

(1)道路和桥梁损毁情况：县城至上、下察隅公路，下察隅至沙玛一连公路，古拉乡拉巴公路均遭到毁灭性破坏，全县交通处于瘫痪状态。其中，58 个行政村 887 千米农村公路受灾，冲毁上侧坡 93643 立方米，挡墙 51062 立方米，路基 66000 立方米，泥石流、滑坡、塌方量 298612 立方米，损毁涵洞 70 道、钢桥 96 米、水泥桥 44 米、木桥 34 米、盲沟 23 个，造成直接经济损失 9145.4 万元(不含上、下察隅道路)。

(2)水利设施损毁情况：9 座电站(全县共 9 座电站)无法正常供电。其中 1 座电站厂房受损严重；259 千米高、低压输电线路损毁，5 个乡镇的 56 个行政村断电；农牧区 258 条水渠受损，累计长度 369.75 千米，全县农村饮水及乡镇供水设施 85%严重受损。造成直接经济损失 8908.2 万元。

(3)农牧业受灾情况：受灾农田 6007.3 亩，占全县耕地面积的 15.4%，其中被泥石流冲毁 856.5 亩，5150.8 亩的农作物受损，农田围栏受损 5000 余米；大牲畜死亡 2288 头、失踪 802 头，缺少饲草料的大牲畜有 4800 头；小牲畜死亡 4167 头(只)。造成直接经济损失 1692.9 万元。

(4)房屋受灾情况：全县共有 49 间房屋受到不同程度的损坏，其中民房 20 间，简易木房、牲畜棚 29 间；173 户群众受泥石流、滑坡等地质灾害威胁急需搬迁。造成直接经济损失 81 万元。

(5)通信受灾情况:全县 6 个乡镇中,除古玉乡外,通信全部中断,约 80 千米通信光缆受损,直接经济损失 410 万元。

(6)教育受灾情况:下察隅镇完小 1 名学生失踪,2 所学校围墙受损,累计 55.2 米;2 所学校饮水渠受损累计 692 米,县直及其他乡镇 6 所学校房屋均有渗水现象,初步统计渗水面积约 7387.5 平方米。造成直接经济损失 116.6 万元。

2011 年 3 月 18—22 日,强降水天气造成然察公路、县城至下察隅镇、下察隅镇至上察隅镇、古拉公路,以及县城至察瓦龙乡公路多处出现不同程度的中断;县城供电不稳,竹瓦根镇政府所在地及县城周围村庄全部断电;县城电信通信中断(22 日 11 时左右已恢复通信),古拉乡、竹瓦根镇日东片区通信完全中断;县城菜市场一售菜大棚被大雪压塌。

# 8 雷暴

雷雨是夏季常见的天气现象,雷暴会伴有暴雨、大风、雷电、龙卷等严重的灾害性天气现象。雷暴活动一般夏季最多,冬季较少。察隅境内雷暴主要集中在 7—8 月,历年平均初雷暴日期为 4 月 28 日,历年平均终雷暴日期为 9 月 4 日,平均间隔天数为 129 天。常出现的雷暴强度较弱,维持时间短;强雷暴出现较少,危害较小。

# 9 地质灾害

察隅县地处雅鲁藏布江缝合带和班公措—怒江结合带之间,地质构造复杂,岩性及地形地貌条件差异较大,地质灾害的分布具有明显的地域性差异。主要地质灾害以泥石流、崩塌为主,滑坡次之。

## 9.1 泥石流

泥石流是境内最为发育的地质灾害类型,斜坡或沟谷中含有大量泥、砂、石的固、液相颗粒流体,是地质环境条件不良的山区常见的地质灾害。泥石流常在暴雨(或融雪、冰川、水体溃决)激发下产生,具有暴发突然、来势凶险、运动快捷、能量巨大、冲击力强、破坏性大和过程短暂等特点，是一种危害性极强的地质灾害。泥石流的形成需具备有力的贮藏、运动和停淤的地形地貌条件，以及丰富的固体物质来源以及强劲的水动力作用，这些条件在境内都具备。受降水条件影响，境内泥石流主要发生在降雨集中的3—5月、7—10月，发生在察隅河、贡日嘎布曲、日东河、怒江两岸山前斜坡地带及其支流河谷等地段，给交通、通信、人民群众生活及国防建设带来重大影响。

## 9.2 崩塌

地形地貌、地层岩性与地质构造是崩塌形成的基本条件，而降水、地下水作用、震动力、风化作用以及人类工程活动对崩塌的形成发展具有重要促进作用。运动形式主要表现为，以自由落体的形式坠落或顺坡滚动而崩落。它的主要表现特征是：岩土体脱离母岩而发生猛烈的翻滚、跳跃，并且相互撞击，最终在坡脚地带停留。该类灾害具有下落速度快、发生突然、垂直位移大于水平位移的特点。境内共发育崩塌70处，均属已发生崩塌的灾害点，并且仍然存在较大安全隐患，主要分布于：然（乌）察（隅）公路沿线、丙中洛—察瓦龙公路沿线、在建的明期—日东公路沿线及察隅河、贡日嘎布曲支流河谷两侧陡坡地段。

## 9.3 滑坡

滑坡指斜坡上的土体或者岩体，受河流冲刷、地下水活动、地震及人工切坡等因素影响，在重力作用下，沿着一定的软弱面或者软弱带，整体或分散地顺坡向下滑动的自然现象。俗称“走山”、“垮山”、“地滑”、“土溜”等。滑坡是境内较为发育的地质灾害类型，具有分布较广、数量较多、活动性强、危害程度大等特点。

1956年3月，竹瓦根区巴嘎村以南3千米处发生大范围山体滑坡，导致察隅河该流段河水全面被截，形成堰塞湖，巴嘎村部分靠近河谷的农田被淹。9月底，堰塞湖被冲垮，致使下方兰卡村4户15人、慈巴居点1户3人失踪，房屋、农田、牲畜全部被冲毁，沿河其他村落因所处地势较高免于受灾。

1998年5月，察隅县古拉乡因山洪暴发，16条水渠被山洪冲垮，43.0亩农田被洪水和泥石流冲毁。

2000年4月初，察隅县境内由于连降大雨(雪)，导致山体滑坡，泥石流灾害频繁发生，致使水电设施、交通方面受灾严重。具体受灾情况如下：

(1)察隅县吉太河电站引水渠因泥石流和山体滑坡，造成55米长、22米高的水渠垮塌，致使县城停电。察隅县群众的生产、生活受到严重影响，直接经济损失90余万元。

(2)上察隅镇米古电站因泥石流、山体滑坡造成14米长、4米高的电站水渠被冲毁，20米渠道下沉，镇机关和8个行政村全部停电。

(3)察隅镇嘎腰农田灌溉水渠是自治区政府〔1998〕36号项目投资22万元修建的，因泥石流和山体滑坡，造成14处、90米水渠长被冲垮。

(4)下察隅镇扎巴水渠是自治区农业开发项目投资111.3万元修建的，因山体滑坡，水渠垮塌130米，直接影响到1004亩稻田的灌溉。

(5)下察隅镇沙玛村、拉丁村、沙穷村、塔玛村、松古村、塔林村、自更村的水渠不同程度的垮塌，共计270多米。

(6)下察隅镇宗古水渠因泥石流、山体滑坡导致300多米垮塌。

(7)察瓦龙乡因泥石流和山体滑坡，全乡共冲毁水渠5700米，冲毁耕地1400亩，绝收600亩。其中果达村水渠垮塌1621米，冲毁耕地178亩，水渠已无法修复，该水渠是果达村的主干渠，直接影响到全村的人、畜饮水和农田灌溉，当时造成人、畜饮水困难，需到8千米外的怒江背水。

(8)古拉乡察巴、目本、俄玉村因泥石流冲毁水渠320米，冲毁耕地295亩。

(9)察隅县城吉公至上、下察隅镇和然乌方向交通多处受阻，其中上、下察隅方向10多处受阻，一是大巴嘎处有16米长、3.7米宽、4.5米高的路基坍塌；二是小巴嘎处31.5米长、4米宽、16.3米高的路基塌方；三是23道班处有53米长、3.5米宽、4.5米高的路基坍塌；四是下察隅至上察隅方向巴安通大拐弯处，泥石流堆积物达35米长。然乌至察隅县交通中断，一是3至7道班之间积雪平均厚度达1.4米；二是8道班处因雪崩导致200米长、4米宽的公路堵塞。

(10)竹瓦根镇因泥石流和山体滑坡，致使200米骡马道被冲毁，桑久村至明期30米长的路基下滑，5座桥梁被雪崩冲坏。

(11)察瓦龙乡60多千米的骡马道塌方。

(12)古玉乡次龙村的乡村公路路基滑坡 300 米长。

(13)下察隅镇至塔林吊桥之间公路沿线塌方 1.5 千米。

(14)上察隅镇古巴村至米古村公路塌方 160 米;毕达至本堆公路塌方 50 多米,堆积物阻塞交通。

2000 年 7 月 20 日晚,察隅县察瓦龙乡扎那村,持续 12 小时的狂风暴雨造成多处山体崩塌,且形成泥石流,冲毁扎那新旧两条水渠总长 600 米,淹没农田近 100 亩,使人畜饮水、农田灌溉中断。

2000 年 7 月 24 日,察隅县察瓦龙乡果达行政村水渠塌方总长 1200 米,土地冲毁达 315.8 亩;阿丙行政村,由于山体滑坡、泥石流造成本村水渠毁坏总长 243.0 米,受灾面积达 946.3 亩;珠拉行政村水渠塌方达 130.0 米,受灾面积 213 亩;珠田、龙布、巴布等三个行政村农田被洪水、泥石流冲毁淹没达 500 亩;古拉乡由于泥石流、地震等自然灾害造成阿垮、沙还水渠完全坍塌,坍塌总长度达 2500 米,农田遭灾面积达 500 亩。

2000 年 8 月,察隅县城郊区其子公山山顶湖水水位高涨,大量溢出湖岸,浸泡山体,造成山体滑坡。布宗、目宗、贡日嘎布三条河,河流水位急剧高涨,河水大量溢出河岸,使林内积水甚多,淹没了所有农田和草场,受灾面积达 300 亩。8 月 22 日深夜滑坡持续一个多小时,山体被冲刷的沟槽,最窄处宽达 3 米,深处达 4 米,山下两处平坝淤积泥沙宽近 20 米。

2000 年 8 月下旬至 9 月上旬察隅连降大雨,竹瓦根镇和多瓦龙乡不同程度暴发山体泥石流,竹瓦根镇冲毁房屋 2 处,土地 2 亩,水渠一条,使附近 7 户近 30 人的饮水中断,造成直接经济损失达 3 万元,多瓦龙乡冲毁房屋一处,土地 8 亩,水渠 170 米被冲毁,使岗藏、门空两村 63 户、444 人、6251 头牲畜饮水中断,造成直接经济损失达 5 万元。上察隅镇 8 个村庄,电站水渠受灾,总长 700 米,竹瓦根镇 4 个村庄水渠 400 多米被毁;古玉乡 3～4 个村庄不同程度受损。

2004 年 6 月 18—24 日因受连阴雨天气影响,察隅、林芝出现了不同程度的地质灾害,具体灾害如下:察隅县下察隅镇古拉乡的多个村庄发生不同程度的山体滑坡和泥石流,其中,古拉乡达青村、阿科村等五个村的水渠被冲毁 240 多米,下察隅松古村、中古村等四个村的水渠被冲毁 40 多米,沙玛村巴提桥被水冲走,造成直接经济损失约 50 多万元;察隅县古玉乡山体塌方两次造成巴依公路毁坏50米和30米；吉玉沟发生山体滑坡，引发泥石流，渠道损坏200多米冲毁公路桥一座，公路中断，无法通车，只靠临时搭建独木桥通行。

2004年7月，察隅县受灾如下：察隅县古玉乡次龙村宗格热处发生山体滑坡20米，路基被冲垮24米；玉和村达大组因发生泥石流公路桥被冲毁40米，无法通行；下察隅镇古拉乡的多个村庄发生不同程度的山体滑坡和泥石流，其中，古拉乡达青村、阿科村等五个村的水渠被冲毁240多米；下察隅松古村、中古村等四个村的水渠被冲毁40多米；沙玛村巴提桥被水冲走，公路全部被毁；以上造成直接经济损失约50多万元。

2007年5月13—16日，察隅县普降大雨(海拔较高的乡镇降了大雪)，各乡镇因受连续降雨的影响均发生了不同程度的泥石流、山体滑坡等灾害。此次察隅县六个乡镇受灾直接经济损失约927万元。5月16日，距察隅县城12千米处然察公路16道班因降水量过大造成泥石流暴发，一座跨度14米的水泥桥(主干道)被冲垮，桥墩被冲走，冲垮两端相距40余米，造成进出察隅县的交通中断；16日10时，察隅县光缆、电信、移动通信信号和机要网络突然中断；部分乡镇遭受泥石流灾害方等地质灾害。

2007年5月10—16日，连续降雨，察隅县下察隅镇多处地点发生泥石流、塌方等地质灾害。据统计，水稻烂秧面积102亩；出现危房3户，受灾面积200平方米；毁坏村道3200余米；7条水渠420余米坍塌或毁坏；松古、沙玛钢架桥桥墩塌陷，沙玛村进出交通中断。

2007年5月11—16日，察隅县察瓦龙乡连降罕见大雨，发生严重的地质灾害。乡政府围墙倒塌6处，墙体裂缝2户，冲毁水渠10处。扎那片区泥石流冲毁农田21亩，住房出现裂缝19户，其中5户严重裂缝，围墙倒塌120户，牲畜圈和库房倒塌3户，冲毁水渠150米，大小牲畜死亡10头；扎恩片区倒塌房屋面积142平方米；房屋裂缝2米；冲毁农田40亩，另外60亩的庄稼无法收割；冲毁水渠2000米；门空片区房屋倒塌面积198平方米，死亡11匹马、18头牛，冲毁田地5亩，冲毁水渠500米。此外，因泥石流和山体滑坡造成木材检查站驻地房屋等设备冲毁。察隅县贡察公路察瓦龙段路基损坏严重，倒塌干砌挡墙1738米，浆砌挡墙2100立方米，冲毁便桥5座，钢架桥一座，道路塌方长12000米，路面堆积塌方石估算为$8.5\times10^4$立方米，由于大雨引发泥石流，各片区马帮道路89.6千米不同程度被毁。该镇公路沿线冲毁乡村道路4

千米，农田 10 千米，灌溉水渠 3 条，牧场小路 3 千米。

2007 年 5 月 16 日，距察隅县城 12 千米处然察公路 16 道班因降水量过大造成泥石流暴发，一座跨度 14 米的水泥桥(主干道)被冲垮，桥墩被冲走，冲垮两端相距 40 余米，造成进出察隅县的交通中断；16 日 10 时，察隅县光缆、电信、移动通信信号和机要网络突然中断；部分乡镇遭受泥石流灾害方等地质灾害。

2007 年 5 月 17 日 10 时，察隅县竹瓦根镇桑久村发生泥石流灾情，造成进出该村道路交通中断及部分农田被淹，无人员伤亡。竹瓦根镇桑久村位于察隅县城东部，距县城所在地约 26 千米，该村共有群众 72 户 411 人。泥石流造成该村 100 米村道被冲毁，10 亩耕地被淹没，没有出现房屋坍塌情况。

2007 年 7 月 18—23 日，察隅县察瓦龙乡连降大雨，部分村庄遭受泥石流灾害，导致几个村庄的道路无法通行，被泥石流冲毁水渠 350 米，21 亩农田、55 亩围栏被淹没，现已绝收，6 户房屋遭受不同程度损害，1 户房屋被冲毁。

2007 年 8 月 10 日 05 时左右察隅县下察隅镇边防路 K72＋888 处发生 1 人失踪，3 人受伤的泥石流地质灾害。

2007 年 9 月 6 日，察隅县古拉乡学尼村(怒江边的一个小村)，因连续降雨发生小型泥石流地质灾害，冲毁耕地 12 亩，56 亩耕地存在不同程度的裂缝。

2009 年 6 月 30 日至 7 月 5 日，察瓦龙乡境内部分区域出现强降水天气，导致该乡洪东村和果达村发生 2 处山体滑坡，2 处水渠冲毁(约 200 米)，43 亩玉米地受灾，经济损失达 3.2 万元。

2010 年 5 月 1 日 09—20 时，察隅县古玉乡然乌雪村龙冲组因积雪突发泥石流，造成两户民房完全冲毁，1 人死亡、2 人失踪、1 人重伤。

2010 年 6 月 8 日，上察隅镇发生泥石流灾害，19 户 102 人受灾，2 座桥梁被冲毁或淹没，6 公顷农田被冲毁，2 台小型水力发电机、1 座水磨机及房屋建材被洪水冲走。

2010 年 10 月 23 日，下察隅塔玛村发生了泥石流，冲毁 1 座民房，6 户受到严重威胁；下察隅小学 3 名学生放学回家途中遭遇洪水，其中 1 名学生死亡，1 名学生失踪。

2010 年 10 月 24 日上午，上察隅贡固村发生泥石流，对民房造成了不同

程度的威胁,已有72名群众转移到安全地带。具体灾情如下:

(1)下察隅镇灾情:道路、电力、通信中断;下察隅镇完小1名学生在返家途中被河水冲走,1名失踪;塔玛村1户简易商铺被泥石流冲毁,另有6户受到威胁。

(2)竹瓦根镇灾情:道路、电力、通信、供水中断;嘎巴村15亩农田、1座蔬菜大棚被泥石流冲毁,92亩青稞、小麦因倒伏绝收,5户、20人受到泥石流威胁;然巴村11户、63人受灾害影响需要转移,目前已妥善安置。

(3)上察隅镇灾情:道路、电力、通信中断;松林村、巩固村、迟巴村多处发生山体滑坡和泥石流;受灾群众涉及6个村、239户、1134人;受灾农田共计1774亩(水田1122亩、旱田652亩);1家商铺倒塌,1户农房倾斜。

(4)察瓦龙乡灾情:道路、电力中断,7千米骡马道、447米水渠、卡地村水源被雨水冲毁,电站厂房严重受损;638亩青稞因倒伏绝收。

(5)古玉乡受灾情况:境内道路因灾害完全中断,滞留20台车辆、102人,所有滞留人员得到妥善安置。

2011年3月,察隅县遭受强降水天气,致使然察公路K60+400、K72、K75+200、K80+500、K139+500—K152、K203、K209受损严重。下察隅至上察隅、嘎腰、拉丁、沙琼公路中断。贡察公路西藏段(云南贡山县至察隅县察瓦龙)堆积物22处、长226米,路基垮塌8处、长56米,全线中断。古玉乡次龙片区道路中断;竹瓦根蔬菜大棚倒塌30座。古玉乡牲畜死亡8头;古玉乡巴依村人畜安全饮水工程蓄水池被雪崩损毁;县城附近村14根电杆倒塌或断裂;下察隅、上察隅电信通信中断;古拉乡移动、电信通信均中断。

2011年3月22日,大雨造成察瓦龙乡贡察公路5处塌方。

2011年3月23日,大雨造成然察公路K139+500—K152段发生多处雪崩。

2011年5月11日,上察隅镇本翠线公路K8+500—K8+650段发生较为严重的塌方。

2011年7月29日,强降雨造成察瓦龙乡察日公路K154+100处多次路基垮塌。

2011年8月26日,连日强降雨造成古拉乡古桑公路K4+100处多处塌方。

2012 年 4 月 26 日，强降雨造成上察隅镇四中公路、翠兴至桑巴亚中公路路基塌方 4 处、路基缺口 4 处。

2012 年 4 月 29 日，强降雨造成古玉乡、下察隅镇省道 201、藏拉线省道 201 中断、藏拉线垮塌木龙 30 米。

2012 年 4 月 30 日，强降雨造成察瓦龙乡察贡公路 K42 段路基垮塌。

2012 年 6 月 24 日，下察隅镇沙玛村至松古村公路 24 道路处发生 2 处滑坡。博学村杰荣组发生山体滑坡，导致该村农田灌溉水渠 5 米被冲毁、村民四那江措家的油菜地 0.4 亩被冲毁。

2012 年 6 月 26 日，由于强降雨引发山体滑坡导致察瓦龙乡拉卡村水渠被冲毁。具体受害情况如下：

(1)察瓦龙乡阿丙村路基被冲毁 30 米。

(2)察瓦龙乡扎恩村距松塔村龙布组 2 千米处路基塌陷长 20 米左右，目前仅限摩托车勉强通行，10 余辆车辆被堵无法通行。

(3)察瓦龙乡扎恩村骡马驿道路基被冲毁 200 米，两座桥梁被冲毁。

(4)察瓦龙乡昌西村至云南省贡山县方向 2 千米处出现多处塌方现象。灾情发生后，察隅县及驻村工作队已及时组织群众进行抢修，部分水渠已基本修复正常。

2012 年 7 月 26 日，降雨造成古拉乡古桑公路日托村至古拉乡段多出山体滑坡。

2012 年 7 月 27 日，察隅县境内连降雨，古拉乡至县城公路段及竹瓦根镇多处发生泥石流，造成道路受损，群众房屋、农田不同程度受灾。具体灾情如下：

(1)古拉乡日托公路多处出现泥石流现象，部分路段被碎石、泥石流覆盖，多处路基塌陷，日托段被碎石、泥石流覆盖两处长达 33 米，路面蓄积约 90 立方米；西日段两处头 44 米路基有明显裂缝，路面蓄积碎石 30 立方米，两处均属去年新修堡坎；扎安处有 7 米长路段被泥石流覆盖，碎石约 20 立方米。扎组处有 17.5 米路段被泥石流覆盖，碎石约 25 立方米。此次路面塌陷、泥石流造成十余部车辆滞留古拉乡。

(2)7 月 27 日 05 时 30 分，竹瓦根镇扎拉村扎拉组两处发生泥石流。一处源头位于村民曲登次仁家后山，造成村民 7 户 30 余人受灾，无人员伤亡，损毁村民曲登次仁家房屋一座，该处及附近村民的田地、房屋、牲畜等不同程度受灾，村内水泥路淤泥最深处达 50 厘米。因泥石流影响，省道 201 线扎拉村扎拉组境内漫水长约 100 米，水深 30 厘米。另一处泥石流位于扎拉文化室河对岸田地，冲毁农田约 10 亩。

2012 年 8 月 20 日，大范围强降雨天气，导致察日公路察瓦龙乡政府至目巴村路段近 24 千米公路出现大范围泥石流、塌方等灾害，全部被毁。

2012 年 8 月 23 日，大雨造成上察隅镇翠西村至桑巴亚中村新修公路多出塌方，K8 处尤为严重。

2012 年 8 月 24 日，上察隅镇松林村 K7＋100 与 K10＋400 处发生泥石流。

2012 年 9 月 12—21 日，下察隅镇辖区多处路段发生泥石流、山体滑坡等灾害，灾情如下：

(1)西巴线(暂无编码)：西巴村一处涵洞发生泥石流，冲毁路面 100 米；西巴村至西巴大桥方向约 50 米处发生泥石流，冲毁路面约 100 米；西巴村甲枪公路发生山体滑坡及泥石流，造成水位上涨近 50 米，冲毁路面约 200 米。

(2)本布线(C128542626)：K47 至 K53 路段比达桥附近发生泥石流及山体滑坡，约 550 米路面被毁，路段堆积物约 7425 立方米；下挡墙冲毁约 200 米，约 800 立方米；比达桥桥墩受到强力冲刷，受损严重。

(3)四中线(C123542626)：由于河水暴涨近 50 米，仕中桥(K0＋100 处，2011 年新建钢索斜拉桥)桥面被河水淹没；仕中村朱龙巴沟发生泥石流，冲毁路面约 30 米；仕中村至下察隅镇 2 千米处发生泥石流，冲毁道路约 30 米。

(4)塔林线(C162542626)：塔林桥桥墩导流体损坏严重，坍塌约 500 立方米，交通中断。

(5)京都线(C153542626)：京都线 K4 至 K4＋935 处受山体滑坡及泥石流等影响，交通中断。

(6)松沙线(C036542626)：松沙线沙玛村(K6＋547)处坍塌 7 米，交通中断。

(7)藏拉线(Z906542626)：塔玛至藏色桥之间 K0 至 K3 处发生泥石流、塌方及山体滑坡，当时仅小车能通行。K5＋735(拉丁村)附近桥梁受损严重，交通中断。

(8)竹尼线(C159542626):竹尼线竹尼村K1+64处出现两处塌方。

(9)嘎腰线(C160542626):嘎腰村(嘎腰线K1)与日玛村(藏拉线K3+500)衔接路口出现滑坡一处,仅小车能通行。

(10)宗古线(C158542626):下察隅镇烈士陵园(K4+500)附近出现滑坡一处,仅小车能通行。

(11)省道201:省道201段23班至钢桥之间,公路彻底冲毁近80米,路段2侧近20米约120立方路基(下挡墙)冲毁。

(12)农牧业受损情况:全镇普遍农作物(玉米、水稻)倒伏、发芽,日玛村207亩水稻、嘎堆嘎美村13.7亩玉米出现倒伏、发芽等状况。

沙玛取水渠在6月暴雨坍塌的基础上,垮塌12米,现沙玛村全村供电、饮水、灌溉中断;扎巴村近200米水渠冲毁,现扎巴村全村饮水、灌溉中断。

(13)水电设施受损情况:上察隅镇米古电站由于水质混浊、杂物较多,导致无法正常发电;农场农嘎电站取水口处因泥石流等原因,沙石堵塞严重,停止运行,导致全镇供电、饮水中断3天。

2012年9月12—25日,察隅县境内出现大范围、持续降水天气,强降雨带来的山洪、泥石流造成该县境内84.2千米省道、乡村道路、桥梁严重受损,部分路段交通中断;群众11210米人畜饮水、灌溉水渠、管道不同程度损毁;县城、上察隅镇等4座电站取水口受损,压力前池泥沙堵塞;897亩农田、作物被水浸泡,泥石流淹没;60间民房、村文化室受山洪、泥石流冲击,成为危房,不能居住;90余头大小牲畜被水冲走。

2012年9月20日,强降雨造成上察隅镇西巴线、本布线、四中线、政府驻地多处出现泥石流和滑坡,仕中桥桥面被淹,毕达桥严重受损。

2012年9月21日14时,上察隅镇西巴村发生泥石流5处,共冲毁道路1150米;仕中村通往下察隅镇道路两处长约60米路基损毁严重;河水水位上涨,长80米的仕中村斜拉桥桥面淹没,无法通行,造成上察隅镇57户群众210余人出行困难。上察隅镇米古电厂压力前池因泥沙堵塞,供电于9月18日中断。下察隅镇塔林大桥桥头垮塌路基3米,严重影响到桥体的稳固性,车辆无法通行;县城通往下察隅方向23班处路基塌方110米,无法通行;下察隅镇京都村村道多处塌方,勉强通行摩托车;农嘎电站取水口被泥沙堵塞,电力于9月18日中断。连续降雨,严重影响了水稻收割,少量出现发芽现象;县城至下察隅镇方向 201K 处发生山体滑坡，车辆无法通行，苗圃再次发生泥石流，道路中断。

2012 年 9 月 22 日，强降雨造成下察隅镇塔林线、京都县、松沙线、藏拉线、竹尼线、宗古线、嘎腰线、省道 201 等多处泥石流和滑坡，拉丁桥严重受损，塔林桥桥墩受损，多处公路被冲毁，交通中断。

12 日至 22 日损失近 800 多万元。

2012 年 9 月 24 日，强降雨造成古拉乡古桑线 K15 处发生较大泥石流。

2012 年 9 月 28 日，强降雨雪天气造成古拉乡古桑线 K13 处发生较大泥石流。